在路上
不忘初心

申俊霞 编著

煤炭工业出版社
·北京·

图书在版编目（CIP）数据

在路上，不忘初心／申俊霞编著． －－北京：煤炭工业出版社，2019（2022.1 重印）
 ISBN 978 – 7 – 5020 – 7338 – 1

Ⅰ. ①在… Ⅱ. ①申… Ⅲ. ①成功心理—通俗读物 Ⅳ. ①B848.4 – 49

中国版本图书馆 CIP 数据核字（2019）第 054835 号

在路上，不忘初心

编　　著	申俊霞
责任编辑	马明仁
编　　辑	郭浩亮
封面设计	浩　天
出版发行	煤炭工业出版社（北京市朝阳区芍药居 35 号　100029）
电　　话	010 – 84657898（总编室）　010 – 84657880（读者服务部）
网　　址	www.cciph.com.cn
印　　刷	三河市众誉天成印务有限公司
经　　销	全国新华书店
开　　本	880mm×1230mm $^1/_{32}$　印张　$7^1/_2$　字数　150 千字
版　　次	2019 年 7 月第 1 版　2022 年 1 月第 3 次印刷
社内编号	20180641　　　　　　　定价　38.80 元

版权所有　违者必究

本书如有缺页、倒页、脱页等质量问题，本社负责调换，电话:010 – 84657880

前 言

　　逆境是生活的永恒话题，没有人可以永远摆脱逆境，所以，不顺心、不如意的事情就是我们的家常便饭了。但是我们可以战胜逆境，走出逆境。而走出逆境最关键的一点就是我们抱着一种什么样的心态。

　　凡事总往好处想，有一个积极的心态，鼓励自己，最终都能到达成功的彼岸。心态能使你成功，也能使你失败。无数成功人士的成功历程中，在困境中总是勉励自己，相信黑夜过后总有阳光，用一种积极乐观的心态成功了。另外，人，只有有了好的心态，才会有好的心情；有好的心情，才会做出理想的事情。所以，不论我们的生活是否顺心，一定要保持积极的心态，积极乐观地面对一切，我们就会有更大的机会获得成功。

在遥远而古老的西方，挑选小公牛到竞技场格斗有一定的程序。它们被带进场地，向手持长矛的斗牛士攻击，裁判以它受戳后再向斗牛士进攻的次数多寡来判定公牛的勇敢程度。

在现实生活中，社会的竞争异常激烈，各种压力也接踵而至，所以，我们也必须承认，我们的生命，每天都在接受类似的考验。如果没有内在力量的支撑，我们根本无法存活。那么，到底是什么力量一直在支持我们坚忍不拔，不惧刺痛，勇往直前，直面挑战，迎取成功呢？

答案很简单，那就是意志。

在本书中，我们主要讲的意境，其核心力量就是意志。人类只要有了这种力量，就能在黑暗之中点燃意志之光，就能够勇敢地面对荆棘丛生的道路，拔出意志之剑披荆斩棘。因为我们知道，人生的成就永远需要意志的力量，需要不断坚持，如果懈怠和退却，都可能影响最后的结局。所以，我们必须时刻提醒自己，我们必须将意志深刻根植于我们的脑中，并不断修正我们前进的步伐！

目 录

|第一章|
宽容

不要记仇 / 10

遇事让三分 / 14

宽恕是最光荣的报复 / 17

宽容暴行 / 21

在感恩中学会宽容 / 25

在路上，不忘初心

|第二章|

大胆地冲出温室

不要成为自己的奴隶 / 33

给你的信心充电 / 37

学会平静 / 43

勤奋造就机遇 / 47

改变观念 / 53

不要让性格束缚自己的发展 / 58

目 录

|第三章|

走出胆怯

自立 / 67

不要依赖他人 / 74

消除恐惧 / 80

消除嫉妒 / 88

说出你的心事 / 93

保持进取心 / 99

|第四章|

乐观

心态决定命运 / 107

挫败消极心态 / 115

积极心态的力量 / 120

培养正确的心态 / 126

态度决定命运 / 131

积极心态能让你积极地生活 / 135

目 录

|第五章|

攻破自卑的心理防线

与生俱来的自卑感 / 143

化自卑为动力 / 149

自卑是成功的绊脚石 / 156

走出自卑的情结 / 161

战胜自卑 / 166

自卑只能封锁自己 / 172

在路上，不忘初心

|第六章|

坦然面对失败

面对挫折勇敢地跨过去 / 181

绝不被失败击倒 / 188

吸取教训战胜失败 / 194

失败不怕从零开始 / 199

坦然面对失败 / 205

目 录

|第七章|

在逆境中成长

化逆境为动力 / 211

在逆境中生存 / 217

信心助你走出逆境 / 220

在逆境中崛起 / 225

第一章

宽 容

第一章 宽 容

学会宽容

  人生在世,有许多应该学习的东西,但是我们的生命有限,有些东西我们也许来不及学习,但是切记,趁现在有时间和精力,一定要学会一样东西——宽容。

  宽容是不受任何限制的,什么时候都可以学,谁都可以学,无论时间、地点、人物,只要你宽容,你就会知道宽容之心是多么让人温暖,让人享受。

  很多人并不是天生的心胸狭窄,他们之所以无法做到宽容,是因为他们不明白宽容的意义。当他们被别人侵犯或被惹得暴跳如雷时,他们第一时间想到的是:"我受了伤害,

吃亏了，我必须要讨回公道。"如果宽容的话，就会让自己失去这个机会，只能吃哑巴亏了。但是，他们没有想到的是，宽容不会让你吃亏，只会让你得到更多。

我的一位老堂哥读过几年书，与他同龄的那些文盲相比，略显有些知识。但是，在待人接物时，他有太多的挑剔与求全，如果遇到令他不满的事，他得理的事，他一定不会放过对方，即便是自己的妻子孩子兄弟。一顿光火之后，耿耿于怀好久，就是属于那种典型的得理不饶人的人。虽然他人不在自己的村里，但是他却树起了很多"敌人"。应该说，他生活在自己营造的孤立中，所以整日郁郁寡欢，最终中年早逝。他活得很累，很不开心，这是因为他不懂什么是宽容，也没来得及学会宽容。

宇宙尽管无限，却有星体相撞。天空虽然很大，飞行器空中"接吻"也有发生。

人海茫茫50多亿在小小寰球上密麻如蚁，为生存忙碌拼搏，心急气躁，发生这样那样的碰撞，产生这样那样的摩擦，很自然，很普遍，也很正常。关键是以什么样的视角和胸怀看待这些与己相左相悖的人生事。但与无伤大雅的鸡毛

第一章 宽 容

蒜皮之类相比，没必要斤斤计较，争长论短，面红耳赤，甚至伤了和气。忍一时风平浪静，退一步海阔天空。此时理智退却，大可避免矛盾激化、"战争升级"，从而维系友谊，雨过天晴。

但有时，宽容也会使自己吃亏，感觉窝囊，有失脸面。但不管自己亏了什么，理总是不亏的；不管失去了什么，得到的将是人品的完善和修养的升华。其实，不宽容他人，等于跟自己过不去，心头笼罩着愠怒的烟雨，哪有神清气爽的春风？宽容别人，也就是饶恕自己。

做到宽容需要襟怀的容量，也就是度量、气量、宽宏大量。

遥想周瑜当年，英姿勃发，却鸡肚猴肠，三气而亡；白衣秀士心胸狭窄，不纳豪杰，终被火并，盖因气量太小，咎由自取。弥勒佛雕像前写着："大肚能容容天下难容之事，开口常笑笑世间可笑之人。"弥勒佛腆肚乐呵，一副与世无争的憨态尊容，也着实给世人带来了欢乐，树立了楷模。宰相肚里能撑船，大人有大量，大人不记小人过，类似的劝诫已经成为处世的格言而深入人心。

宽容不会与生俱来，故需要学习，需要修炼，也需要一

个过程。

　　曾经我们缺少宽容，为逆耳的只言片语，为过眼烟云般的虚荣，为一点蝇头小利，为一次赴约的迟到，为一段情感的波折，为一回不经意的冲撞，为一句欠妥的玩笑，反正不大点儿芝麻绿豆之类，却放在心上，写在脸上，挂在嘴上，久久不能释怀，不能原谅。

　　更有甚者，甚至兄弟反目，夫妻离异，朋友成仇，同事诋毁，在人生的旅途上经受各种情感的折磨。其实，当暮年之后再回首，我们会发现一切都太不值得，何苦又何必呢？也许我们悔不当初，但是一切都已经来不及，一切都已经不可以！

　　当然，在经历了这番磨难之后，我们就会有所感悟，开始告别年轻的冲动鲁莽，渐渐变得稳重成熟，学会了换位思考，也逐渐懂得了忍让宽容。正如鲁迅诗曰："度尽劫波兄弟在，相逢一笑泯恩仇。"有些事，笑一笑就过去了，何必纠结得心生不快呢？

　　善于宽容，使你心底的绿野春风拂面，阳光和煦，与你相处给人以和谐温馨，你会因可爱而美丽。而且，学会宽容意味着成长。树林可吸纳更多的日月风华，舒展茁壮而更具

第一章 宽　容

成熟的力量。在宽容的感召力下，作为领导的你会得到属下的敬重，作为年轻人的你会得到长辈的厚爱，等等，总之，宽容的人，能够获得亲朋的信赖，同事的赞赏，良好的人缘将使你事业有成。

当然，宽容是有范围，看对象的。鲁迅先生对他的敌人一个也不宽恕，因为是水火不容的斗争。我们对社会的假恶丑和人间的害群之马也不能宽容，因为对他们的宽容就是对真善美的作践，无异于姑息养奸。

然而，并不是每个人都能够真正做到宽容。宽容，说起来容易，做起来很难，尤其对那些刻骨铭心的伤害，抹不掉，挥不去。如果是这样，就更应该宽容，把它忘却，让你的心灵重归宁静。

宽容，这是人际关系中最具魅力的黏合剂、润滑剂。请不要吝啬你的微笑，你如沐春风般的话语。

宽容犹如载花，回报你的是姹紫嫣红，人生路上就少了荆棘。

你付出了宽容，得到的将是彼此的理解、友谊和无限的快乐。

此外，科学的研究还表明，宽容他人能让你更加健康。

如果对你来说，宽容他人是件困难的事，尝试下面的四个方法，你会学会宽容他人，保持一颗宽容之心。

第一个方法：同情冒犯你的人。

他冒犯你，也许是出于无知、恐惧或者是痛苦，总之他不会无缘无故冒犯你。所以，你可以试着扮演一下那个做错事的人，或者从他的角度给自己写封信，试着为他开脱，以求得自己对他的谅解。

第二个方法：设想一下被自己所爱的人原谅后的轻松感。

每个人都有犯错误的可能，列举自己的缺点和失败远比说别人要痛苦得多。不过，这样做有利于心理平衡。想象一下某一天你得罪了一个你在乎的人，而他（她）大度地原谅了你，你的心情如何？

第三个方法：完成一个象征性的动作。

当你决定宽容他人时，如果没有明显行为来帮助你完成这种表达，你可能也难以肯定自己否真的做到了宽容。因此，你可以自己找个方式，比如，你可以伸直手臂举起一块大石头，当你决定宽容时就把它扔掉；或者是点亮一支蜡烛，想像自己的怒火已经同这蜡烛一起熔化了。

第四个方法：给自己营造一个完美的心态。

第一章　宽容

人从出生的那一刻起，就意味着一个生命的降临，将要背负起重重的责任。快乐的时光不该独享，黯然的光景也该让别人分担，为什么你要迷惑不已？为什么你要痴痴迷迷？无论怎么说，人间总有等待的真情。生命看似漫长无尽头，但是它是有终点的。当然，生命的意义本不在于终点的目标，只在其追寻的过程。但是我们要清楚一点：每个过程都很短暂，转瞬即逝，所以我们应保持一种积极的心态，乐观地生活，不要因为一些不相干的人，无关紧要的事而影响了我们的情绪，甚至给我们留下难以弥补的遗憾，这样是很不值得的。

有两个囚犯，从狱中眺望窗外，一个看到的是满目荒凉，一个看到的是万点星光。面对同样的际遇，前者持一种悲观失望的灰色心态，看到的自然是满目苍凉、了无生气；而后者持一种积极乐观的明快心态，看到的自然是星光万点，一片光明。

抱怨命运，只是失败者无聊的自慰，面对艰难困苦，我们无须抱怨什么，只要保持一种好的心态，风雨过后，我们就可以在人生的这片灿烂天空下划过一道道美丽的彩虹。

不要记仇

　　不要对别人斤斤计较，宽大的胸怀一方面会使你少树立一些潜在的敌人，另一方面也会使你赢得更多的人心和朋友。学会了如何表达对别人的宽容，就等于克服了一道巨大的障碍。说出"我原谅你"这区区几个字，生活和事业都会戏剧性地由阴暗转向光明。

　　不成熟的人才会像小孩一样，你踢我一脚，我一定还你一拳，斤斤计较，不肯吃亏。宽恕的能力和成熟的程度是成正比的，越成熟的人，度量越大。

　　宋朝的吕蒙正，不喜欢与人斤斤计较，他刚任宰相时，

第一章 宽容

有一位官员在帘子后面指着他对别人说:"你这个无名小子也配当宰相吗?"吕蒙正假装没有听见,大步走了过去。其他参政为他愤愤不平,准备去查问是什么人敢如此胆大包天。吕蒙正知道后,急忙阻止了他们。

退朝后,那些参政还感到不满,后悔刚才没有找出那个人。吕蒙正对他们说:"如果一旦知道了他的姓名,那么就一辈子也忘不掉。这样的话,耿耿于怀,多么不好啊。因此千万不要去查问此人姓甚名谁。其实,不知道他是谁,对我并没有什么损失呀?"当时的人都佩服他的气量宏大。

你经历过这样的事吗?无论是对待亲朋好友,还是同学同事,好多情况下,我们心里已经想宽恕他了,但我们不知道如何开口。

让我们想想,你还是孩子的时候,当父母要求我们原谅他们的错误时,我们知道如何原谅他们。如果我们曾经看到过他们之间的彼此原谅,我们会对宽容有更深刻的理解。如果我们曾多次体验过别人对我们的错误的宽恕,那么我们不仅会知道如何去宽容别人,还会真真切切地体会到宽容所具有改变他人的力量。

如果父母不知道如何宽容，我们会轻易地对宽容的真正含义产生误解。

宽容需要学习，学习宽容的方法以及巧妙的表达，虚心传递出你的宽容信号。

下面列出了16种宽容信号，在看这16个信号之前，先想一想，在什么情况下你最不可能宽容别人。你可以设想，在你说下面这些话的时候，那个伤害你的人正好站在你面前。

"我并不认为这不错。"

"这使我感到很痛苦。"

"你做的事是你的错，不是我的错。"

"你做的事我是不负责的。"

"你做得不对，你不应该这样对待我。"

"你的所作所为是没有道理的。"

"这不是理由，我不愿你再这样对待我。"

"过去的事情就过去了，我不会因此而要挟你。"

"你这件事做得确实不好，但我内心深处仍然认为你是好人。"

"我知道你没有坏心，而且尽了力，不过没有哪个人是十全十美的。"

第一章　宽　容

"我不会收回对你的爱。"

"我愿慷慨地献出我的爱，但我也会保护自己免受此类事的伤害。"

"重新建立起信赖要花费很多时间，不过我愿意再给你一次机会。"

"你不必顾虑我会怎么想。我仍然爱你，你仍然可以像以前那样爱我。"

"可能对我来说没有下次机会了，不过我确实希望你与别人能相处得很好。"

"过去的事就过去了，你不必再顾虑我会怎么想。我原谅你，希望你过得好。"

说来说去，这些都如一首歌中唱过的那样："不要说你错，也不要说我对，恩恩怨怨，没有是与非。"是啊，人生就是一个谜，没有几个人能猜得对，我们又何必去计较那些过去的人和事呢？如果我们太过在意别人的错，那就等于是在惩罚自己，生活不快乐，工作没兴致，我们的人生如果在这样的状态下进行，那还有什么意义呢？

所以，学会放过他人，不要拿别人的错误惩罚自己。这才是如大海般的胸怀明智的选择。

遇事让三分

在古代,有一位大官,其家人在家里因为盖房子,所以和邻居因为一道墙而起了争执。两家人互不相让,最后大官的家人想到让他给他们做主,拿回觉得本应属于自家的那道墙,于是书信一封,很快就送到了大官的手中。

大官看过信后,立刻回信一封,只是简单的四句话:"千里家书只为墙,不禁让我笑断肠。你仁我义皆邻里,让他三尺又何妨。"

家人看过信后,不禁为自己的小气行为感到惭愧,于是立刻退让了三尺。邻居见此景,也退了三尺远,后来他们两

第一章 宽容

家之间出现了一条著名的"六尺巷"。

这条巷子告诉我们：宽容忍让是为人处事的一种方法和原则，它会让我们的人际关系更加和谐完善，也会让我们的生活更加快乐。

虽然很多人都知道凡事容忍、宽容、谅解，"三思而后行"的这个道理，但当事者常常因激动而忘记它。

很久以前，有两个庄户人家，一家的牛吃草过界，糟蹋了另一家的庄稼，两人便吵了起来，各不相让，最后打了起来，双双被送进县衙。县太爷也不问青红皂白，惊堂木一拍，喝令两人将县衙门外的捕快们练功用的石碌碡合力扛到村里去，回来后再告状。

两人面面相觑，可是要对付二三百斤重的石碌碡，还真得要齐心协力。尽管二人已经做好合力的准备，可是只搬到马路上，两人已筋疲力尽，坐在路边的树荫下，两人醍醐灌顶，幡然醒悟。遂租来一辆车，将那石碌碡送回县衙，悄然息讼，携手而归。

还有一个故事：

某甲受人诽谤，感到名誉受损便带一把杀猪刀去找那

诽谤教师算账。途经长长的河道，见一种垂柳拂岸，白浪逐沙，水鸟在木船上盘旋，在碧蓝的天空倒映下，河流仿佛玉带轻盈飘动……某甲步子渐渐地慢下来，后来干脆坐在草坡上折一枝柳条做笛，吹奏着放牛小调，全然忘记了此行的目的。自然的美景平息了心头的怒火，理智压退了癫狂。

忍让，不是懦弱的代名词，忍让，也不等同于愚蠢，忍让是一种胸怀，一种气度，一种"人无我有，人有我优"的高贵品质。都说有舍才有得，其实，学会了让，也是一种得，让人三分，我们会得到七分。

在忍让之后，我们得到的是别人的仰慕和崇敬，这比得到一些物质上的利益更让人觉得骄傲和满足。

第一章　宽容

宽恕是最光荣的报复

曾经有人跟林肯说:"你对仇敌太宽厚了,你应该消灭他们才对。"

林肯说:"当我把敌人变成朋友的时候,不就是消灭了他们了吗?"

这是多么智慧的回答,多么智慧的做法。不仅如此,我们更从这句话中看到了一个心胸宽广,胸怀博大的总统。

英国人有一句谚语:"宽恕是最光荣的报复。"

生活中我们会遇到各种各样的人,于是不可避免地会遇到因为一时冲动而对你造成伤害的人。面对这些,我们应该

怎样做？

我们唯有宽容，因为你的宽容会让那个人最终明白自己的错误。宽容能够终止仇恨。如果我们不选择慈悲，因果律就要取而代之。冤冤相报何时了，只有宽恕，才能停止新仇旧恨的累加，才让所有过往一笔勾销。有仇必报，两败俱伤。有仇不报，才高人一等。

二战期间，一支部队在森林中与敌军相遇，激战之后，亨利和另外一名战士同时与部队失去了联系。两人在森林中艰难跋涉，他们互相鼓励、互相安慰。十多天过去了，仍未与部队联系上。

这一天，他们打死了一只鹿，依靠鹿肉又艰难地度过了几天，也许是战争使动物四散奔逃或被杀光，这以后他们再也没看到过任何动物。他们仅剩下的一点鹿肉，背在年轻战士的身上。

又过了几天，他们在森林中与敌人相遇了，经过再一次激战，他们巧妙地避开了敌人。就在自以为已经安全时，只听一声枪响，走在前面的亨利中了一枪，幸运的是，伤在肩膀上！后面的士兵惶恐地跑了过来，他因为太害怕，所以语

第一章 宽容

无伦次，一直抱着亨利的身体泪流不止，并以最快的速度把自己的衬衣撕下来，包扎亨利的伤口。

晚上，亨利一直念叨着母亲的名字，两眼直勾勾地望着苍茫黑暗的天空。

他们都很害怕，以为熬不过这一关了，尽管饥饿难忍，可他们谁也没动身边的鹿肉。第二天，部队找到了他们，他们得救了。

时隔30年，亨利说："我知道是谁开的那一枪，他就是我的战友。当时在他抱住我时，我碰到了他发热的枪管。但当晚我就宽容了他。我知道他想独吞我身上的鹿肉，我也知道他想为了他的母亲而活下来。此后30年，我假装根本不知道此事，也从不提及。战争太残酷了，他母亲没有等到他回来，我和他一起祭奠了老人家。那一天，他跪下来，请求我原谅他，我没让他说下去。我们又做了几十年的朋友，我宽容了他。"

如果有人在你背后开枪，想置你于死地，你会原谅他吗？在生活中，想必很多人都会因为别人在背后说自己几句坏话就怀恨在心，总想着找机会报复吧？所以，就更不用说

可以原谅想害死自己的人了。

然而亨利做到了，也许每一个人看过这个故事的人都会为亨利感到不值，觉得他傻，因为如果那位战友瞄得准的话，亨利早就死了。但是亨利不这样想，他怀着一颗宽容之心，来面对战友的恶意伤害。

战友是自私的，但是他也为自己的自私付出了代价——没有见到自己母亲的最后一面。亨利是伟大的，他不但让自己的生命得到了新生，也收获了难能可贵的友情，这比任何东西都更有价值！

第一章 宽 容

宽容暴行

当代犹太哲学家冉克雷维有一句名言:"宽恕在死亡的田野里死了。"这句名言引起我们关于宽容的深深思考——我们要对所有的事都宽容吗?我们能宽容极端的暴行吗?

中非皇帝博卡萨曾经令帝国军事大臣向游行群众开枪。他还曾下令将抓到的小偷一律处以酷刑:初犯者割掉一只耳朵,重犯者割掉另一只耳朵,再犯者割掉双手,第四次则凌迟处死。博卡萨还常以鞭打犯人为乐,他曾一口气打死四名犯人,并令手下将几十名犯人往死里打,致使50多名犯人被打死。除此之外,博卡萨还饲养了一些狮子和鳄鱼,居然用

活人来改善这些猛兽的伙食。更令人发指的是,博卡萨同这些猛兽一样,对人肉有特别的兴趣。

这样的暴行我们如何能够容忍?受害者以及受害者的家属又如何可以容忍?我们凭什么要容忍这种无理的暴行?

许多哲学家也赞成对暴行的不宽恕。法国的冉克雷维认为,我们应该记住暴行丑恶而不遗忘。人不能宽容所不能宽容的事或人。为什么呢?因为当所犯的罪行(比如纳粹集中营)超出了所有人生尺度范围,宽容就不再具有意义。宽容随着受害人的死去而死去,不再存在。

是的,这样的宽容已经死去,因为这是有条件的宽容,也就是通常认为的可能的宽容。但是,宽容在变得不可能时恰恰成为可能,也只有当它在通常意义上变成不可能时才重新具有它的真正意义,那就是:宽容不可宽容的。宽容如果意味宽容是可以宽容的,那它就不是宽容。因为它被附加上了条件,而宽容的真正本质是:无条件。有条件的宽容,还称得上宽容吗?因此,宽容是反常的,没有任何目的的。

无条件、反常、纯粹,是宽容的真正特性,但困难的是,这又是不可能的。我们是否有必要真正宽容一个人或一件事呢?

第一章 宽 容

人所面对的世界是一个五彩缤纷、变幻莫测的世界,人们所赖以生存的社会是一个纷繁复杂、千头万绪的社会。我们每一个人身处于其中,在快节奏的现代生活方式下处理各种各样的事,接触千姿百态的人,得到了各自不同的感受。

对于会玩阴谋的人来说,每个人都很难从他们脸上的表情或者言谈举止中来断定他的心情和目的。难过的时候,他可能微笑着巧妙地掩饰。兴奋的时候,他又可能装作沉思状低头不语。因此,这时他说出的话、做出来的事不一定出自内心的本意。他装出一副道貌岸然、和蔼可亲的面孔,却隐藏起内心的真实企图。外表上对人极尽夸赞逢迎之能事,暗地里却耍手段,要么使人前进不得,要么使人船翻人覆,甚至是落井下石。这种人还往往不是自己出面去伤害别人,而是借刀杀人。

人心难测,这是我们对这个社会感到失望的原因之一。尽管我们都希望生活美满如意,都不希望有欠缺、有烦恼、有挫折。可是,希望总归是希望,生活却总是希望与痛苦交织,明晰与困扰并存。生活的这种复杂性充分地向我们勾画了一幅人心可以把握测量的图画。

例如,生活中往往有两面三刀者,就是采取各种欺骗方

法，迷惑对方，使其落入陷阱，达到自己的目的。

唐玄宗的宰相李林甫，他陷害人时并不是一脸凶相，咄咄逼人，而是吹捧对方，说一些甜言蜜语，暗地里却拿对方开刀。当时世人称李林甫"口有蜜，腹有剑"，即口蜜腹剑。在当代，也不乏口蜜腹剑的阴谋家。

我们每一个人生活在这个世界上，想要生存就要工作，就要与各种各样的人交往，就要互相依赖，互相联系。我们天天呼唤坦诚相待，渴望相知相解之交。然而正由于缺乏才去强调，正由于贫瘠才去求援。在全力以赴的时候，那意想不到的背后一击可能有天降之祸。

所以，我们绝不能容忍小人们的背后阴谋！对于这种行为，应该告知天下，人人共弃！

当然，我们也应该禁止任何人操纵任何形式的阴谋，同时，我们也要秉承做人的原则——宽容。

第一章 宽容

在感恩中学会宽容

　　我们帮助别人，为别人解忧是为了获得别人的感恩吗？我们应该要求别人感恩于我们吗？我想如果我们要求了，那么说明我们的帮助是功利性的，有目的性的，不值得人称赞。做人也不该如此，我们既然帮了，就要帮得彻底，帮得无私，不能祈求从受助者那里得到什么，如果受助者自知感恩，那当然就另当别论了。

　　所以，我们要懂得什么是感恩，要懂得什么是人性，问问自己内心深处到底在图什么，值得那么做吗？

　　如果你救了一个人的性命，你会期望他感恩吗？你可能会。

因为这无论对你还是对他而言，都是一件事关生命的大事。

赛缪尔·莱伯维茨在他当法官前曾是位著名的刑事律师，曾使78个罪犯免上电椅。你猜猜看其中有多少人曾登门道谢，或寄多少个圣诞卡来？我想你猜到了——一个都没有。

耶稣基督在一个下午使十个瘫子起立行走——但是几个人回来感谢他们呢？只有一位。耶稣基督环顾门徒问道："其他九位呢？"他们全跑了，谢也不谢就跑得无影无踪！像你我这样平凡的人给了别人一点小恩惠，凭什么就希望得到比耶稣更多的感恩呢？

如果跟钱有关，那就更没有指望啦！

如果你的亲戚送你100万美元，你应该会感激他吧？

安德鲁·卡内基就资助过他的亲戚，但是，如果安德鲁·卡内基重新活过来，一定会很震惊地发现这位亲戚正在诅咒他呢！为什么呢？因为卡内基遗留了3亿多美元的慈善基金，但他的这个亲戚只继承了100万美元。

这位亲戚没有因为得到100万美元感恩卡内基，反而因为只得到100万美元而怨恨卡内基。

人间之事就是这样，人性的弱点也就在于此。你也不用指望会有所改变。何不接受呢？

第一章 宽容

在日常生活中，走在大街上，没有人记得你是谁，坐在公车上也几乎很少碰到熟人，但是我们都知道，一旦你有尊老爱幼的表现，比如扶老人过马路，或者给老人、小孩让个座位，你立刻就会被众人瞩目，你当然希望坐下的人可以跟你说一声谢谢（当然，大多数人还会比较客气地说一句谢谢），但是也不乏有一些觉得你让座是理所应当的人，对这种人，我们让座之后会有一种莫大的后悔感，但是也无济于事。所以，我们不去想，也不奢望那句谢谢。因为听到那句谢谢，我们也不会觉得自己站着像坐着一样舒服，何必要听呢？尤其是当这样的事你经历得多了，你就会对这样的事情麻木。

我们应该像一位最有智慧的罗马帝王马库斯·阿列留斯在日记中写道的那样："我今天会碰到多言的人、自私的人、以自我为中心的人、忘恩负义的人。我也不必惊讶或困扰，因为我还想象不出一个没有这些人存在的世界。"

他的话会给我们带来很多启示。我们天天抱怨别人不会知恩图报，到底应该怪谁？我们谁也不必怪，因为这是人性。我们可以改变人性吗？

所以不要再指望别人感恩了，我们如果做了，就不会觉

得这是自己的损失，我们只要感到高兴就可以了，不要在乎别人是否心存感激。如果我们偶尔得到别人的感激，就会是一个惊喜。如果没有，也不必难过。

人的天性中本就有忘记感谢那一项。如果我们一直期望别人感恩，只能是自寻烦恼，庸人自扰。

为人父母者一向怨恨子女不知感恩。莎剧主翁李尔王也不禁喊道："不知感恩的子女比毒蛇的利齿更痛噬人心。"可是我们是否教育他们要学会感恩呢？我们是否做好了他们的榜样呢？如果我们不教育他们，为人子女者怎么会知道感恩呢？

感恩原是天性，它像随地生长的杂草。感恩则有如玫瑰，需要细心栽培及爱心的滋润。

有一位住在纽约的妇人，一天到晚抱怨自己孤独。没有一个亲戚愿意接近她，而这也并不怪他们。

你去看望她，她会花几个钟头喋喋不休地告诉你，她侄儿小的时候，她是怎么照顾他们的。他们得到麻疹、腮腺炎、百日咳，都是她照看的，他们跟她住了许多年，还资助一位侄子读完商业学校，直到她结婚前，他们都住在她家。

可是，这些侄子有回来看望她的吗？

第一章 宽 容

有，但完全是出于义务性的。他们都怕回去看她，因为想到要坐几个小时听那些陈年旧事，还有那些似乎永远无休无止地埋怨与自怜。当这位妇人发现威逼利诱也没法叫她的侄子们回来看她后，她就剩下最后一个绝招——心脏病发作。

当然，她不是故意装出来的心脏病发作，医生也说她的心脏相当神经质，常常心悸。可是医生也束手无策，因为她的问题是情绪性的。

要想治好她的情绪性心脏病发作，就要有人对她进行更多的关爱与注意，实际上她需要的是"感恩"，可惜她大概永远也得不到感激或敬爱，因为她认为这是应得的，她要求别人给她这些。但是别人因为知道了她的要求，所以疏远她，让她一个人孤苦伶仃，老无所依。

在这个世界上，有多少人像她一样，以为别人都忘恩负义，因为孤独，因为被人疏忽而生病。他们渴望被爱，但是又有几人知道真正能得到爱的唯一方式就是不求索取。相反，还要不求回报地付出。也许有人会觉得这听起来似乎不太实际，太理想化了，其实不然！这是追求幸福的最好方法。

总之，不要去要求，也不要奢望，我们做好我们该做

的，愿意做的，至于别人如何回馈我们，那是别人的事。他们不懂感恩，那是他们的损失。但是如果我们要求别人来感恩，那就是我们的错。而且，我们不会在这种要求中体会到任何快乐，所以，我们要想寻求快乐，唯一途径就是不要期望他人感恩，要知道，付出是一种享受施与的快乐。我们必须抛弃别人会不会感恩的念头，尽情享受付出的快乐。

第二章　大胆地冲出温室

第二章　大胆地冲出温室

不要成为自己的奴隶

每个人都不愿意成为别人的奴隶，受人驱使，命运悲惨，过着惨不忍睹的凄惨生活，但是，人们在很多时候却成为了自己的奴隶，自己心理上的奴隶。让我们难以想象的是，在我们的周围，其实这样的"心理奴隶"随处可见。

如果一个人的一生中，一直处于游移不定，没有任何实际目标可言的状态话，那么就基本可以定义其为"心理奴隶"。这样的人惧怕真正地面对生活。害怕挺身而出，承担责任，总是找借口来搪塞工作，结果到了工作生涯结束时也毫无成就感可言。

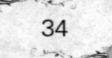

有一个人，退休之后，有一份丰厚的退休金以及社会保险金，然而他却并不快乐。他对别人说："我在公司里呆了这么多年，就像董事长曾经说的那样，可谓劳苦功高。现在我光荣退休了，本该是值得高兴的，可是我并不快乐，甚至觉得这是我一生中最悲伤的开始。"

人们不解地问他："为什么？"

他说："我觉得自己一事无成，非常失败。我不但没有快速地升迁，而且不肯吃苦，无法全身心投入工作，我错过了很多次可以好好表现，获得晋升的机会。如今，我退休了，再也没有机会去争取什么，我自己也注定就是这副模样。往事不堪回首啊！"

其实，这个人是生活中无数人的缩影和写照。当尘埃落定的时候，人们习惯于把自己判入"心理牢笼"之中，成为一种"另类奴隶"。这种奴隶并不限于某一种类型的工作：在办公室中、在商店里、在工厂以及在每一个地方，我们都能发现这种奴隶的存在。因为自闭、畏惧、爱找借口，他们一般不喜欢和别人合作，因为这个特点，使得他们无法高效工作，不容易与人相处，注定很难取得成就。

第二章 大胆地冲出温室

没有人心甘情愿庸碌地过一生，没有人希望暮年回首时，发现自己的一生是失败的一生，是没有任何荣誉，没有任何成就和值得回味的一生。我们都渴望成功，让自己成为最耀眼的那个，即便我们不能光彩夺目，但最起码我们要让自己觉得活这一回是值得的，是问心无愧、毫无遗憾的，所以我们不能成为自己的"心理奴隶"。我们要去追求，要实现自己的目标和理想。

小郭是一个非常勤奋的人，尽管他只有大专学历，但是他从不觉得自己低人一等，也不认为与那些本科硕士有什么差距。相反，他自从参加工作过之后，一直努力提升自己，给自己充电。

当领导安排任务之后，他总是尽力去完成，争取跟其他人完成得一样好，甚至更好。一次，他由于出现了一点儿小失误，导致没有按时完成任务，而那些本科生却做得很好。当领导问他原因的时候，他说："这次是我自己的一点失误，我以后一定虚心和大家学习，争取不再出现这样的拖后腿现象。"领导知道他是一个有上进心的人，也知道他一定会做好，于是就微笑着示意原谅他了。

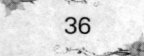

事后，他并没有因为这次的失误自责自己，而是继续努力提升自己，争取不再出现类似的情况。果然不负众望，在公司越做越好。

人最大的敌人是自己，如果你自己欺负自己，奴役自己，那没有人可以帮得了你。你只有正确看待自己，不贬低自己，把自己放在一个正确的位置努力去实现自己的价值，你就是成功的。走出自己的心理陷阱，让自己每天都有好心情。

第二章 大胆地冲出温室

给你的信心充电

人如果缺乏信心，就很难做好事情。在工作和生活中，保持信心，不找借口，才能做好自己想做的事情。

一位成功的公司女主管说："我在一家修道学校等了12年，结果，当我开始推销的时候，每当有人和我说话，我就向他鞠躬。我一再地道歉。假如我发高烧，我就说对不起。假如我的老板发高烧，我也说对不起。如果外面下雨，我还是说对不起。"

人要想自我提高，就要有办法看出自己的错误和缺点，从而改正、完善它们，但你也必须学会判断你什么时候有权

为一些不太顺利的事情不负责任。相对而言，男人可能知道他们必须应该负责什么事情，什么事情可以不理会。

以推销为例，一家大报社的广告经理说："推销是一种你不会在朋友面前那样表现的行为。"当你推销一种产品的时候，你要对方买下来，你要对方把你看成是一个诚实、真挚的人。通常，当你说"推销"的时候，你跟他们之间就出现一道无形的鸿沟。你必须使别人相信，你有一种特殊的产品正是他需要的。

在这个社会上生存，我们不可避免地要学会自我推销。只有把自己展示出去，获得别人的认可，我们才有可能获得更多的机会，才更有可能取得成功。当然，推销自己的时候，我们不可表现出很害怕的样子。如果你没有被雇用，还有别的工作啊。当然，如果你失业了一年，一大家人都在等待你的支援，你也不要灰心丧气，而是要看起来很有信心，甚至即使你觉得你像刚从一架飞机中被推出来。

此外，当你在推销自己的时候，不要害怕做错事，但一定要从错误中得到教训。别担心做错事。但别忘记要从错误中得到教训。很多时候，推销自己就像参照食谱去准备一道菜。正当你认为每一步都确实照做了之后，还必须回到第一

第二章　大胆地冲出温室

页,做最后的添油加醋,这才是成败的关键。

当然,在进行了多次的自我推销之后你会发现,有一种方式很容易成功,但是你也不可以一直用,你必须经常修改推销自己的方式。你不再是五年前的你,也不会是五年后的你。你接触的那些人,他们也有改变之处,人家对你的态度也会改变的。

如果你对自己有信心,真诚和信心将是你最大的资产。这是推销自己时应该记住的最重要的一点。

推销自己是一种才华,也是一门艺术。就像是绘画的能力,两者都需要培养个人的风格。没有风格的话,你只是芸芸众生中的一个而已。风格是所有我们以前和现在所看到的和感受到的综合品。

一个真正完整健康的人,不但要有发达的四肢、健壮的肌体,还必须同时具有一种正常而良好的心理,这才是获得幸福、取得成功的前提。

在现实生活中,每个人都可能遭受情场失意、官场失位、商场失利等方面的打击;我们每个人都会经受幸福时的欢畅、顺利时的激动、委屈时的苦闷、挫折时的悲观、选择时的彷徨,这就是人生。酸、甜、苦、辣,人生百味,你可

能都要品尝。

在这个世上，有很多信心不足的人，他们就像那些营养不良的人一样，很难有一个完整美好的人生。信心不足这种"疾病"会使人把自己约束在昨日的生活模式之中，而不敢轻易尝试突破现状的努力，过着没有明天、没有希望的日子，而且还会使人的能力、天性无法得到充分发挥。

我们要想提高信心，就必须靠自身努力来医治，只是靠自己培养对自己能力的肯定与信赖，充实信心来源。而且应像清扫街道一般，首先将相当于街道上最阴湿黑暗之角落的自卑感清除干净，然后再种植信心，并加以巩固。

具体来说，信心的建立，可以参考以下几种方法：

1. 恢复自信心和优越感

如果你能积极利用这种笑的效果，则可医治因失败而产生的悲观和心理的紧张，甚至可将绝望吹得无影无踪。怪不得有许多人在闷闷不乐时，就会跑到游乐场所去调剂一下情绪。同样，如果在忧郁的时候，读一读身旁的漫画，或幽默小说，心情也立刻会开朗起来，甚至干劲十足。换句话说，利用外界的刺激来引发自己大笑，便会使自己恢复优越感或自信心。

2. 正确评价自己的才能与专长

你不妨将自己的兴趣、嗜好、才能、专长全部列在纸上，这样你就可以清楚地看到自己所拥有的东西。另外，你也可以把做过的事制成一览表。譬如，你会写文章，记下来，你擅长于谈判，记下来；另外，你会打字、你会演奏几种乐器、你会修理机器等种种，你都可以记下来。知道自己会做哪些事，再去和同年龄其他人的经验做比较，你便能了解自己的能力程度。

3. 利用微笑，鼓舞勇气

许多人都知道，微笑对他们有较大的帮助。微笑是治疗"信心衰弱症"的最佳药方。但许多人还是将信将疑，他们在恐惧的时候，也从未试图微笑过。

津巴布韦的乔伊夫人在马克莱银行负责公共关系，她的办公桌就放置在银行大门内进口处的右边。她总是面带微笑，不厌其烦地解答顾客遇到的各种问题，在她的办公桌上，有一篇用镜框镶起来的题为《一个微笑》的箴言："一个微笑不费分文但给予甚多，它使获得者富有，但并不使给予者变穷。一个微笑只是瞬间，但有时对它的记忆却是永远。世上也没有一个人贫穷得无法通过微笑变得富有。

一个微笑为家庭带来愉悦,为沮丧者带来振奋,为悲哀者带来阳光,它是大自然中去除烦恼的灵丹妙药。然而,它却买不到,求不得,借不了,偷不去。因为在被赠予之前,它对任何人都毫无价值可言。有人已疲惫得再也无法给你一个微笑,请你将微笑给予他们吧,因为没有一个比无法给予别人微笑的人更需要一个微笑了。"

我们如果学会了微笑的技巧,就会改变我们的人生,此时,我们不但会让自己快乐,也会给别人带来欢乐,然后逐渐走向成功。

第二章　大胆地冲出温室

学会平静

　　"平静"是人们体念人生修养的最重要的一课,这是春天里清朗的歌声,是成长后收获的果实。平静和其他道德一样珍贵,它的价值远远胜过财富。在名利场里钩心斗角,或为几块金币、几亩田地同别人争白了头发,到头来也只不过是一日三餐和最后的几尺坟地。与平静的生活相比,这种生活是多么让人不屑一顾。

　　人在碰到棘手事情时能保持多大程度的镇定,与他的内涵息息相关,惊讶、生气、发怒,所有这一切都于事无补,只有永远保持安静祥和的态度,才能使你有一副正常的头脑

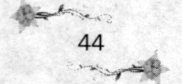

来思考怎样解决问题。当一件大事发生时，懂得控制自己的人会在暗中传送精神力量，周围的人会依靠他的力量站立，这样的人将会成为人们眼中的英雄。处变不惊的人总给人以大气的感觉，总是受到人们的尊敬。他就像是海边的礁岩，对海水的冲刷毫不抱怨；他就像是伫立风中的白杨，挺拔俊朗。

"平静"对人有极大的益处，心灵的平静是世间的珍宝，它是自我控制的杰出体现。要想心境安宁，就需要灵魂纯洁，这就意味着历尽世事后的淡泊以及对事物看法向成熟改变。

有人曾这样说过："我们会结识这么一些人，他们勤奋、努力工作，但是脾气暴躁，生活也因此而变得混乱不堪，他们无法欣赏美好的事物，通常只顾匆匆赶路，却忘了欣赏路边的风景，从而葬送了自己幸福平静的生活；破坏了他本该拥有的幸福。在我们身边，我们所能碰到的真正能享受平和宁静生活的人真是越来越少了。"

这是一个忙碌无比、喧嚣不堪、物欲横流的社会，在这样的社会生活，人们会因各种各样的鼓动而狂躁不安，变得浮躁，会因自我控制能力的弱化而情绪波动，会因焦虑和多疑而饱受折磨。只有那些明智的人，才会掌控并引领自己朝

第二章　大胆地冲出温室

原本希望的方向走去。

也许很多人都经历了沧桑世事，但是无论我们在哪里，在做什么，要往哪里去，都请记住：你会发现，在生活的沙漠中总会有一片绿洲，总会有一些花朵在为你绽放，请你偶尔放慢脚步，摆平心态，好好欣赏。因为你要知道，很多时候，幸福是躲在平静背后的一道风景。

有一位飞行员接受了一项特殊的任务——空运一只老虎。这对于一贯只是负责运输客人的飞行员来说，无疑是一个大的挑战。而且，这是一只成年老虎，脑门的"王"字极有霸气。它很不服气被关在大笼子里，总是不大不小地吼叫几声。

但是，这个飞行员并不觉得害怕和担忧，而是觉得很有趣，他在前面开飞机，身后就是老虎的铁笼子。和百兽之王进行如此近距离的相处，这种情况还真是不多见。

飞机在天空飞行着，飞行员又回过头去瞧老虎。"天啊！该死的铁笼子，竟然没有关严。"他不禁一哆嗦，老虎正在向他逼近，离他只有几步之遥。危机之中，他没有大叫也没有乱跑，因为他知道即使他这样做了也无济于事，相

反，他睁大了眼睛，狠狠地和老虎对视着，像一头发威的雄狮。

老虎并没有立刻发威，和他对视了一会儿，奇迹出现了，它竟然自己又走回到笼子里，飞行员化险为夷。

是飞行员的平静心态，临危不惧，救了他一命。每个人都希望自己可以遇事沉着冷静，但是对心理状态的把握，却需要人的情商。一旦把握不好则可能出现很难想象的后果。但是，一旦你能控制自己，那么你就先赢得了一半。

试想，一个不能控制自己，不能赢得自己的人，那怎么能赢别人呢？强者总是试图永远保持自我控制能力，这种能力显示出真正的人格和心力。

詹姆斯·艾伦曾经说过："我发现，凡是一个情绪比较浮躁的人，在关键时刻都不能作出正确的决定，因为成功人士基本都比较理智。所以，我认为一个人要获得成功，首先就是要控制自己浮躁的情绪，使自己变得平静下来。"

在关键的时刻，平静的心态甚为重要，所谓镇定自若，就是平静心态的最佳境界。能达到这个境界的人，可谓真正的内心平静者。这样的人，做事情也很容易取得成功。

第二章　大胆地冲出温室

勤奋造就机遇

纵观这个世界上留存下来的辉煌业绩和杰出成就，无一例外都是来自于勤奋的工作，不管是文学作品还是艺术作品，不管是诗人还是艺术家。

越南有个叫哈奈尔的人，听说世界上有一种点石成金的神奇技术，于是他便把全部的时间、金钱和精力都用在了点石成金的实践中。不久，他花光了自己的全部积蓄，家中变得一贫如洗，连饭也吃不上了。妻子无奈，跑到父母那里诉苦，她父母决定帮女婿改掉恶习。他们对哈奈尔说："我们已经掌握了点石成金的技术，只是现在还缺少点石成金的材料。"

"快速告诉我,还缺少什么东西?"

"我们需要3公斤从香蕉叶下搜集起来的白色绒毛,这些绒毛必须是你自己种的香蕉树上的,等到收完绒毛后,我们便告诉你炼金的方法。"

哈奈尔回家后立即将已荒废多年的田地种上了香蕉,为了尽快凑齐绒毛,他除了种自家以前就有的田地外,还开垦了大量的荒地种香蕉。

当香蕉成熟后,他小心地从每张香蕉叶下搜刮白绒毛,而他的妻子和儿子则抬着一串串香蕉到市场上去卖。就这样,10年过去了,他终于收集够了3公斤的绒毛。这天,他一脸兴奋地提着绒毛来到岳父母的家里,向岳父母讨要点石成金之术,岳父母让他打开了院中的一间房门,他立即看到满屋的黄金,妻子和儿女都站在屋中。妻子告诉他,这些金子都是用他10年里所种的香蕉换来的。面对满屋实实在在的黄金,哈奈尔恍然大悟。从此,他努力劳作,终于成了一方富翁。

其实世界上没有像点石成金那样的致富捷径,你的努力和勤奋才会使你赢得梦寐以求的财富。

勤奋能加快实现才智。但傻瓜才喜欢速决,他们不顾障

第二章　大胆地冲出温室

碍，行事鲁莽。智者常常由于遇事犹豫不决而失败。愚人干什么事都急匆匆的，智者干什么事都有条不紊。有时候事情尽管判断得对，但却因为疏忽或办事缺乏效率而出差错。常备不懈是幸运之母。该办的事立刻办，绝不拖到第二天，这极为重要。有句话说得极妙：忙里须偷闲，缓中须带急。在聪明无法前进的地方，勤奋却能轻松地一跃而过。即使你是一个天资聪颖的人，也需要具备勤勉的精神。

只有去夺取第一，才能体现出你的优秀和独一无二的价值。这样，你的价值就可以得到双倍的体现。特别是在和其他竞争者差不多的情况下，你敢于夺取第一，就能够凸显出你的优势。有很多人本来能够在自己的事业中有独一无二的位置，但是他们没有使尽全力争取，结果让其他人走到了他们的前面。

在美国历史上，最感人肺腑、催人泪下的故事便是个人通过奋斗而获得成功的奇迹。许多成功人士均是先确立了伟大的目标，尽管在前进途中曾遇到过种种非常艰难的阻碍，但他们依然忍耐着，以坚忍来面对艰难，最后终于克服了一切困难，获得了成功。更有一些成功人士本来处于十分平庸的地位，依靠他们坚忍不拔的意志，努力奋斗的精神，结果

竟跻身于社会名人之列。

如果你看了林肯的传记，了解他幼年时代的境遇和他后来的成就，会有何感想呢？他住在一所极其粗陋的茅舍里，既没有窗户，也没有地板；以我们今天的观点来看，他仿佛生活在荒郊野外，距离学校非常遥远，既没有报纸书籍可以阅读，更缺乏生活上一切必需品。就是这在这种情况下，他一天要跑二三十里路，到简陋不堪的学校里去上课；为了自己的进修，要奔跑一二百里路，去借几册书籍，而晚上又靠着燃烧木柴发出的微弱火光阅读。林肯只受过一年的学校教育，处于艰苦卓绝的环境中，竟能努力奋斗，最终成为美国历史上最伟大的总统。林肯的事迹向我们表明，机会都是通过自身的奋斗创造出来的。

伟大的成功和业绩，永远属于那些富有奋斗精神的人，而不是那些一味等待机会的人们。应该牢记，良好的机会完全在于自己的创造。如果以为个人发展的机会在别的地方，在别人身上，那么一定会遭到失败。机会其实包含在每个人的奋斗之中，正如未来的橡树包含在小小的果实里一样。

卡耐基认为，一个人不应受制于他的命运。世界上有

第二章　大胆地冲出温室

许多贫穷的孩子，他们虽然出身卑微，却能做出伟大的事业来。比如富尔顿发明了一个小小的推进机，结果成了美国著名的大工程师；法拉弟仅仅凭借药房里几瓶药品，成了英国有名的化学家；惠德尼靠着小店里的几件工具，竟然成了纺织机的发明者。此外，贝尔竟然用最简单的器械发明了对人类文明有巨大贡献的电话。

失败者的借口总是："我没有机会！"失败者常常说，他们所以失败是因为缺少机会，是因为没有有力者垂青，好位置总被人捷足先登，等不到他们去竞争。可是有意志的人决不会找这样的借口，他们不等待机会，也不向亲友们哀求，而是靠自己的奋斗去创造机会。他们深知，唯有自己才能给自己创造机会。

有人认为，机会是打开成功大门的钥匙，一旦有了机会，便能稳操胜券，走向成功，但事实并非如此。无论做什么事情，就是有了机会，也需要不懈努力，这样才有成功的希望。

人们往往把希望要做的事业，看得过于高远。其实无论多么伟大的事业，只要从最简单的工作入手，一步一个脚印地前进，便能达到事业的顶峰。

如果你觉得自己是个天才，如果你觉得"一切都会顺理成章地得到"，那可真是太不幸了。你应该尽快放弃这种想法，一定要意识到只有勤奋的工作才会使你获得自己希望得到的东西，在有助于成功的所有因素中，勤奋地工作总是最有效的。

即使有过人的才干，如果不采取任何有价值的实际行动，最终也会一事无成。斯迈尔斯曾经说过："就我所知，在任何的知识领域，从来没有哪一本书，或者哪一部文学作品，或者哪一种艺术流派，其创造者没有经过长期艰苦的创作就获得了流芳百世的名声。天才需要勤奋，就像勤奋成就天才一样。"

第二章　大胆地冲出温室

改变观念

在现代文明的大都市中,生活着非常野蛮的人,他们处处得罪人,处处让人厌烦。让人不可接近的人是毫无自知之明、毫无自制力的傻瓜,他们一开口就让人生气,这样的人根本无法获得别人的尊敬和欢迎。

看到这样的人往往让人联想到动物园的野兽。周围的人靠近他的时候就如同靠近野蛮凶残的老虎一样,为了避免被他人伤害,手中紧紧握着一根鞭子。这样的人做事根本不择手段,为了获得更高的位置,他们可以奉承每一个人。但是等他如愿以偿后,他会对每一个人不恭。他们刻薄尖酸,狂

妄自大，这样他们成为每一个人的敌人。

其实，我们不是没有办法对付这样的人，只要我们完全不理会他们，不要和他们发生任何关系，就可以彻底摆脱他们，和值得你交往的人往来。

也许有人知道，很多传统说法中包含了永恒的智慧。从早到晚，不管阴天还是晴天，也不管我们身体如何——可能会牙疼、头疼或者心脏出现毛病——我们每天都必须到达指定的地方，并开始做安排给我们的工作。而且只有在坚持干上8到10个小时后，休息才显得格外甜美惬意。

不管我们做什么事情，都是因为我们付出了辛勤的劳动，承受了单调乏味、日复一日的工作，才培养起这种种的优秀品质——专心致志、毫不拖延、精益求精、坚定不移、隐忍执着、坚忍不拔等，而正是这些品质最终奠定了一个人成功的基石。

一位在保险公司做培训的讲师说："我来内地之后，总感觉人们的观念落后一拍，在生意场上，内地之所以竞争不过特区，不是因为别的，而是输在观念上。"

她还说："在深圳，讲师刚提出一个问题，下面就会争先恐后地站出来一大批学员抢答——不管对错，先争到发言

第二章　大胆地冲出温室

机会再说——每个人都侃侃而谈，不在意别人怎么看。但在其他地方，讲师要再三鼓励才行，有的直到点名才无可奈何地站起来发言，而且表达起来也期期艾艾，没有底气。不用说到生意场上打拼了，光凭这一点就已经分出高下了。"

为什么会出现这样的情况呢？其中最主要的原因是因为他们缺乏主动性，还有一部分原因可能是因为其他地方的人缺少锻炼、腼腆、怯场，他们总认为那是大家的事，与自己无关，缺乏参与的动力和积极性。

除了在课堂上人们会又缺乏积极性的表现外，在我们身边，一直都存在很多这样的例子，大家遇到事情，就采取消极退缩、与己无关的态度。我们许多人，做事情时老是觉得我们是为别人做的：这是上级安排下来的，那是老板吩咐的，我们是为别人做的，我们只不过是执行任务而已。总之，事情不是"我"的，"我"是在为别人做事。试想，一般人给别人做事，态度怎么会积极呢？所以，敷衍应付，最终常常做不好，结果惹得别人不开心，最后又怨天尤人，觉得这个世界对自己不公。

不仅仅是做事，而且在做人上，这些人也有这种消极的心理：把自己的命运、自己的前途寄托在别人身上，结果一开

始就把自己摆在了一个附属的地位上,靠别人的赏识甚至施舍寻找出路。这是一种典型的弱者心态。这就好比是一个士兵还没有上战场,就先把自己摆在弱者的地位上,这场战争还没开始,就有人先认输了,那有什么进行下去的必要呢?

有人曾经将人才分两类:

第一类是"自用之人",靠自己,开创事业;

第二类是"被用之人",靠别人发挥自己的能力和专长,赢得事业。但无论是哪一类人,自信和主动都不可或缺,否则,恐怕就是没有用的人,只剩下自怨自艾的份儿了。

要想事业有成,下面的观念是必不可少的:

1. 要管理好自己的时间,不浪费时间,并且将它利用好,这是对自己负责任的表现。

2. 要勇于做事,并且为自己的行为负责,无论行为的结果是什么,都要有承担责任的勇气。只有这样,才能为自己争取到机会。

3. 要树立明确的目标,设想在今后获得哪一方面的专长,并不断寻找机会,使自己的专长得到发挥。

在我们的生活中,很多人常常无缘无故地讨厌某些人。不愿意与他们有接触,甚至不愿意多说一句话,甚至了解了

第二章　大胆地冲出温室

他们的具体的品行之后，仍然对其有一种无端的厌恶，之感。如果有人问为什么，他们也答不出来，也许最合适的答案就是直觉。

但是这种讨厌并不是一种好现象，我们不是干涉人们讨厌某人和喜欢某人的自由，而是觉得有些讨厌是没有必要的，甚至会影响到自身。有时候，他们厌恶的还是那些出类拔萃的人物。这样的缺点必须克服，你要学会时常提醒自己，讨厌好人和有能力的人是大错而特错的，这个世界上没有化解不了的仇怨，况且他们和你无怨无仇，凭什么要怨恨他们呢？

要知道，能结识优秀而杰出的人物首先就是一种幸运，其次，与之保持融洽的关系会显得你很有远见卓识。如果你以怨恨之心对待他们，疏远他们，那么你可能会损失很多自我提高的机会。

人们因为活得太过自我，所以才会出现很多错误的观念，影响到自己的成长和发展。人的性格和习惯是日积月累形成的，一般来说很难改变，但是人的观念是可以改变的，知道哪些对自己有利，哪些对自己有害，自然就会倾向于好的方面。

不要让性格束缚自己的发展

在人的一生中,性格对人的影响是至关重要的。大凡成功的人,就是因为自己性格的认识足够清晰,所以即使在其他条件不是很成熟的情况下也取得了成功,优秀的性格比有才气和博学都重要。

在人们的意识里,一直都觉得性格是一种神秘的东西,但事实并非如此。我们平时所说的某人有"良好的性格",实际上是指他已经发挥出他自己创造性的潜力,并且能够表达他"真正的自我"。

理智型性格的人都不喜欢争名夺利,成名获利之后,又

第二章 大胆地冲出温室

不爱居功自傲，恃财欺人。他们深谙"谦受益，满招损"的道理，认为有福不可享尽，有势不可用尽，谨言慎行。理智型性格的人多是辅佐之才，即使登顶，有时也是情非得已、被推上领导者的位置上的。

华盛顿是美国第一任总统。在当时那种特定的历史条件下，20岁的华盛顿担任了弗吉尼亚民兵团指挥官，43岁荣膺大陆军总司令，在1781年的约克敦大战，华盛顿又大获全胜，至此，他一跃而成为各州拥戴的领袖。有军方人士乘机进言，敦促华盛顿登上国王宝座。

但是，对于华盛顿来说，要王冠，还是要民主共和，成了两难选择，是选择一己私利，还是选择万民福祉。最终，理智的华盛顿选择了后者。他功成身退后，向大陆会议奉还总司令的职权，随后返回乡下的老家。

后来，主持起草美国的《独立宣言》的杰斐逊评价说："一个伟人的节制与美德，终于使渴盼建立的自由免于像其他革命那样遭致扼杀。"

1789年1月，当华盛顿归隐数年后，他却以无可争议的全票当选为首任总统。面对如此荣耀的冠冕，华盛顿并没有表

现得兴高采烈，踌躇满志。相反，当他离开庄园去纽约赴任时，竟然发出"犹如罪犯走向刑场"的感叹。

在华盛顿看来，民众的热情是如此空前高涨，合众国的前途又是如此变幻莫测，假使自己的尝试失败，势将成为历史的罪人。因为理智的性格，所以他走得小心翼翼，每迈一步都如履薄冰，不敢得意忘形。

美国宪法规定当选总统任期四年，准予连选连任，没有上限。所以，四年任期结束后，华盛顿打算急流勇退，但是却没有拗得过选民们，1792年，他又以全票当选为第二任总统。

鉴于华盛顿的彪炳业绩和崇高威望，世人普遍认为他会终身连任。但他最终选择主动卸任，让位于亚当斯，为政坛民主更迭树立了良好的先例，从此连任止于两届（罗斯福任四届是基于第二次世界大战的特殊背景）。

应该说，华盛顿是理智性格达到最为完美的人物，这种性格不但在他活着的时候做出了很好的表现，就是在他弥留之际，他还要求人们要合乎常礼的安葬自己，而且仅仅要故乡弗农山庄的一捧黄土、一座契合他淳朴风格的陵墓。人们无一不为其伟大的举动而感到深深的敬意。

第二章　大胆地冲出温室

理智的性格不仅使华盛顿赢得了世界人民的敬仰，也可说其性格得到了完美的展示。不仅国外有这样成功的先例，在中国这样的例子也比比皆是，比如，汉代萧何、明代刘伯温、清代曾国藩等在其理智性格支配下，不仅功成身退，得了盛誉，也了却了帝王的担忧，从而达到明哲保身的目的。

"良好的性格"与"抑制的性格"是一枚硬币的两面。有不良性格的人不会表达出创造性的自己，他抑制了自己，铐住了自己，上了锁并且将钥匙丢掉。"抑制"这个词，字面上的意思是指停止、避免、禁止、约束。"抑制的性格"会约束真正自我的表达，由于某种原因，他害怕表达自己，害怕成为真正的自己，而将"真正的自我"囚禁在内心的监牢里。

抑制的症候有很多，种类也很繁杂，如害羞、胆怯、敌意、神经过敏、过分罪恶感、失眠、紧张、易怒、无法与人交往等等。

困扰是具有抑制性格的人在各方面活动的特征，而他真正的基本的困扰是在于他无法"成为自己"，在于他无法适当地表达自己。但是这个基本的困扰很可能渗入他所做的每一件事情里面。

"抑制的性格"会阻碍人们获得成功,"良好的性格"则能促使人们走向成功。而性格不是深藏于人体内不可改变的天性,这关键要看人们是否具备坚强的决心与毅力。

在现实生活中,那种想做就做、敢作敢当、雷厉风行、敢于打破传统、突破常规、有新想法、新思维的人,都非常受人们欢迎,甚至是很多人学习的榜样和偶像。这种人是人们心目中的英雄,也是各行各业中的佼佼者。

这样的人,拥有一种果敢的性格。这样的人,他们在处理事情的时候,会看时机。一件事情的时机是否成熟,是做这件事情的关键。所谓成熟的时机,就是为完成一件事情已经具备了的天时、地利、人和的条件,是成功地完成这一件事的充分必要时机。不成熟的时机,是为完成一件事情所需的天时、地利、人和,三者缺一或者缺二,或三者皆不具备,也就不具备完成这一事情的时机和状态,所以就不会采取行动,还会继续等待时机成熟。

当然,有人可能要问,做一件事情,如果时机成熟,谁都能看到,如果很多人一拥而上,就会出现僧多粥少的局面,到时候如何确保自己可以获利呢?

果敢型性格的人之所以可以赢得成功,就是因为他们

第二章　大胆地冲出温室

懂得如何避免僧所肉少的现象。因为他们善于抓住不成熟的时机。在机会不是完全成熟的时候，他们会先行一步，赢得主动，占据有利位置。一旦时机成熟，他们就会先发制人，最终赢得全局。要知道，敢为的人，总是做人无我有、人有我精的事情，这是他们的强项。因为只有这样，才会减少竞争，才不会被动，才能永远领先于他人，才能赢得胜利。

　　与敢为人先相反的一种性格就是胆怯。胆怯者，是被自己的新风险束缚住的人，他们的最大弱点是畏惧冒险，因为凡是有这种性格的人总是打着"稳"字招牌，缩手缩脚，瞻前顾后，结果一事无成。

　　所以，我们不要做胆怯之人，那样只会让自己与成功失之交臂，我们要让自己变得勇敢，变得果断，多做一些有益于形成良好性格的事情，尽快帮助自己塑造出一种好的性格，让自己的生活和事业都可以顺风顺水，然后尽情享受其中的幸福和喜悦。

第三章

走出胆怯

第三章　走出胆怯

自立

　　自立，是一个人长大成熟的标志之一，如果只是一味地依赖他人，依靠他人，总是期待会有人帮自己做事，那么自己就不会努力，甚至会永远停滞在不去做事、做不好事情的状态。人只有自立，才能锻炼意志和力量。所以，人需要自助自立精神，只有抛弃拐杖，破釜沉舟，依靠自己，才能赢得最后的胜利。

　　史密斯有一个独生儿子，名叫吉姆，史密斯是一个严父，但是这孩子一向被他妈妈娇生惯养，所以，在教育孩子的问题上，史密斯和太太发生过很多次争吵。

一天，吉姆站在门外迎接他，说："看，爸爸。"摆在史密斯面前的是他所见过的最大的一盒贺卡。他把盒子打开，里面有徽章，证书和一个通知，通知说："请三十天内把销售的钱寄到。"

吉姆问："现在我该怎么办呢？"

史密斯说："你首先得学一点商务谈话。"

之后，每天晚上史密斯回家，吉姆都会说："爸爸，你觉得我准备好了吗？"

史密斯总是回答说："你学会了生意会话了吗？"

他说："还没有。"

史密斯说："如果你是代表我出去作即兴讲话的话，我希望你知道你要讲什么。"

两周后，吉姆终于跑过来说："我不喜欢那些商业对话。"

"那你就自己写一篇吧。"史密斯说。

第二天，早餐桌上有一张小纸条，上面写着："早上好，史密斯夫人，我是吉姆。我代表美国营销俱乐部。"这

第三章　走出胆怯

就是他写的,已经过了两个星期了,史密斯想,再过两个星期恐怕就只能替他把钱寄出去了!当然这是他妈妈的主意。但是,史密斯决定让孩子好好接受一番学会自立的训练。

那天晚上史密斯回家就告诉吉姆:"把录音机拿出来,我们现在要准备一个演说。我们要一直工作下去,直到你作出一个像样的商业对话来。"

于是他们开始排练,演讲是这样的:"早上好,史密斯夫人,我是吉姆。我代表美国初级营销俱乐部。请你看一下这些卡片,你会发现里面有很多家庭的徽章。它们质量优良,而且每盒只要1美元25美分。您想买一两盒吗?(微笑)"

他们一直在排练,然后他们用录音机录下来反复放。史密斯发现,吉姆的胆量在逐渐变大。最后吉姆问道:"我准备好了吗?"

但是史密斯说:"不,你还没有准备好。理论上你知道应该怎么做了,可实际操作起来你就不知道怎么做了。现在你到前厅去,我来扮演你的客户。拿两盒子卡片,然后敲

门,然后我会告诉你在实际情况中,你对事情的正确期盼应该是怎么样的。"

怀着兴奋和自信,吉姆走到前厅,准备向史密斯展示他的能力。他认为他已经准备好了。他开始敲门,史密斯打开门,发着火吼道:"我在吃午饭,你来捣什么乱!"这个初级推销员非常震惊,心情低落到了极点。

史密斯把他抓回来,接着他们又开始训练。第二次,他让他进了门,又把他推出去。第三次,他还是失败了。他的母亲在楼下,觉得史密斯简直都要把她的宝贝儿子杀了!但史密斯觉得自己做的仅仅是让她的宝贝儿子学会一点儿生活的常识。

"你知道今天'谁在扼杀我们的宝贝'吗?不要以为抚养孩子只是给他们一点儿拥抱和吻!我要让我的孩子准备好面对现实!"史密斯这样说。最后,吉姆的试验推销终于成功了。但特训尚未完成。

"好了,"吉姆说,"我们准备好了么?"

史密斯说:"是的,你准备好了,我们开始吧!你现在

第三章　走出胆怯

带着两盒卡片去圣约翰路，穿起大衣，打好领带。当你得到十个拒绝的答案时，你就打道回府吧！如果有两个人买了你的卡片，你就收手回家吧。"

"为什么？"

"因为被拒绝十次以上的话，会把你毁了；而两次以上的成功也可能毁了你——虚荣和失败对推销员来说杀伤力一样是致命的。"史密斯这样想着，但是没有说出来。

这个故事说明，自立是打开成功之门的钥匙，自立也是力量的源泉。一旦你不再需要别人的援助，你就会发挥出过去从未意识到的力量。

小蜗牛问妈妈："为什么我们从生下来，就要背负这个又硬又重的壳呢？"

蜗牛妈妈回答说："因为我们身体没有骨骼的支撑，只能爬，又爬不快。所以要这个壳的保持。"

小蜗牛又问道："毛毛虫姐姐没有骨头，也爬不快，为什么她却不用背这个又硬又重的壳呢？"

蜗牛妈妈说："因为毛毛虫姐姐变成蝴蝶后，天空会保护她啊。"

小蜗牛又问:"可是蚯蚓弟弟也没骨头爬不快,也不会变成蝴蝶,他为什么不背这个又硬又重的壳呢?"

蜗牛妈妈说:"因为蚯蚓弟弟会钻土,大地会保护他啊。"

小蜗牛哭了起来:"我们好可怜,天空不保护,大地也不保护。"

蜗牛妈妈安慰他说:"所以我们有壳啊,我们不用天空和大地,我们自己能保护自己。"

小蜗牛因为有壳的保护,可以自己保护自己,所以它才能做自己想做的事情,可见,世上没有比自立更有价值的东西了。如果你试图不断从别人那里获得帮助,你就难以保有自立。如果你决定依靠自己,敢于独立,你就会变得日益坚强。

虽然有时候外力的帮助会让我们觉得自己很幸运,做起事情很轻松,这固然是好的一面。但是,从不利的方面看,外部的帮助常常又是祸根,给你钱的人并不是你最好的朋友。在这个社会上,人与人之间更多的是利益关系,很少会有人愿意无偿地帮助你,即使是无偿不要任何回报,你也会觉得欠了对方一个人情,迟早你还是要还的。即使是父母我们也不能毫无限制地索取,因为他们为我们付出的已经够多

第三章　走出胆怯

了。所以，我们就是需要自立，要靠自己。依靠谁也不能依靠一辈子，俗话说，靠山山倒，靠人人倒，靠自己最好。就是这个道理。

大多数一生碌碌无为的人都有一个共同的特点：认为自己没有什么特殊才能，认为自己不过是一个平庸的人。因为有这样一个错误的认识，因此就甘于平凡，不再努力，不再追求，不再发展自己了。就一味地依赖他人，听从他人的安排。

实际上，在我们没有付出努力之前，在我们的事业没有成功之前，任何人都不会明白自己究竟是什么样的人，究竟能够成就什么样的事业，究竟有多大的潜力。当你相信自己是一个不凡的人，相信自己是一个可以自立的人，相信自己是一个无须依赖他人的人时，你就会变得自信自强，成功的大门也会在你的面前敞开。

总之，自立是成功之门的钥匙。人可以没有其他东西，但是不能没有自立的精神。任何一个人都具有连自己也不敢相信的洞察能力和智慧，只要我们走进了这个大门，就会发现，原来自己有那么大的能量，大到足够支撑自己成为一个杰出和优秀的人物。

不要依赖他人

俗话说，自立者天助。也就是说，每个人都可以实现自立自助的独立生活，可在现实中，只有少数人能够真正如此。当然，依赖他人，追随他人，什么事都靠别人去思考、去策划、去完成，这当然要比自己去想、去策划、去工作要容易得多，也惬意得多。然而，一个人如果有了依赖的想法，他就会丧失勤勉努力的精神。所以，我们不要过分依赖任何人，否则只会缺乏主见。

一般的人，如果在某一方面缺少特殊的才能，就会变得不想再努力，以为努力也不会有成果。而许多成功的人却不

第三章　走出胆怯

是这样，他们在最初的时候与平常人没什么两样，也没有什么特殊能力和机遇，但他们却有高过一般人的自立精神和生活愿望，而且可以把这些作为奋斗的支柱，因此，获得了最后的成功。

要想知道自己的身体里究竟有多少才能与力量，一定要通过亲身实践来检验。同势力、资本以及亲戚朋友的扶持相比，自立精神最为重要，它对人的成就有不可思议的力量。

苏启楠坐在客厅里，紧握着拳头气愤地说："我永远也改不了，她让我一错再错！"

苏启楠所指的是她，就是一次又一次地听从她的朋友高怡然劝她做这做那。这一回，她听了高怡然的意见，把她的厨房糊上一层最新式的红白条墙纸。"我们一块去商店选中了这种墙纸，因为高怡然喜欢这一种，说这墙纸能使整个房间活跃起来。我听了她的话。而现在，是我在这个蜡烛条式的牢房里做饭。我讨厌它！我怎么也不习惯。"她感到，这一折腾既花费了钱，又不习惯，还不能立刻改变，简直难以忍受。

苏启楠意识到自己不仅是对选墙纸一事愤怒，而且气愤

自己又受了高怡然意志的摆布，同样也是高怡然，说苏启楠的儿子太胖了，劝她叫儿子节食。她还说她的房子太小，使她为此又花了一笔钱。

苏启楠问题的关键在于学会尊重自己的意见。过去她的意见总要事先受高怡然的审查或者某个类似高怡然的人物的审查。后来她有了进步，尽管高怡然说那双鞋的跟"太高，价也太贵"，她还是买了那双高跟鞋。苏启楠回忆说："我差点儿又让她说服了。但我还是买了，因为我喜欢，您可以想像当时高怡然的脸色多难看！"最有趣的是，最后高怡然自己也买了一双同样的鞋，因为鞋样很时髦。

苏启楠所做的调整只是与另一个女人的关系的界限。她仍然把高怡然当作好朋友。并不是每个人都有类似的朋友，在特殊情况下，有的人愿意受朋友的控制，是因为他缺乏主见，产生了对朋友的依赖。而过分的依赖会让朋友产生反感。

马智慧是位年轻妇女，她愿意让一位朋友摆布她的生活。与苏启楠不同的是，马智慧是主动要求受控制。当她的垃圾处理装置出毛病后，她给好朋友阿梅打电话，问她怎么

第三章　走出胆怯

办。订阅的杂志期满后，她也去问阿梅是否再继续订。有时她不知晚饭该吃什么时，也给阿梅挂电话问她的意见。阿梅一直像个称职的母亲一样，直到有一天出了乱子。

有一天，阿梅的一个儿子摔了一跤，手臂给划了个口子，需要缝针。马智慧又打电话问问题了，由于非常疲倦，阿梅严厉地说道："天哪！看在上帝的分儿上，马智慧，您就不能自己想想办法？就这一次！"说完就挂了电话。对阿梅的拒绝，马智慧感到迷惑不解，她说："我还以为阿梅是我的朋友呢。"

在任何时候，自己都要有自己的看法，有主见的人才能赢得更多的尊重，获得更多的朋友。过分的依赖会损害你和朋友的关系，而且是双方的，朋友并非父母，他们没有指导和保护你的义务，他们能给你支持，但不可能包办代替，你必须清楚，他只不过是朋友而已。你自己不能做决定，缺乏主见，就会使你受到朋友正确或错误的意见的影响。为此，你应该立刻决定，摆脱对朋友的依赖。

此外，还有很多父母总想给他们的子女创造最优越的条件，为了不让他们奋斗得过于艰辛，就处处翼护着他们，

使他们免受一丝一毫的委屈。殊不知，这种做法在不知不觉中已经毁掉了孩子的前程。父母的做法看似在给孩子开辟出路，其实质恰恰相反，而是在给他设置障碍。当他失去了自立自助的能力时，他就会在依赖中苟且生存，很难成长起来、强大起来。

因此，我们大家必须谨记：外援和依赖不可能帮助我们充分发展智力与体力，真正能帮助我们，对我们的一生都将有很大益处的是自立自助。

世界上能够获得成功的人，都是摆脱了依赖，抛弃了拐杖，具有自信，能够自立的人。对一个人来说，进入成功之门的钥匙唯有自立自助，这种品质正是获得胜利的前提。

驾驶航船的船长是否训练有素，在风平浪静时是看不出来的，只有在狂风暴风、波涛汹涌、大船将覆、人心惊恐的时刻，才能够显示出船长的真实本领。船长之所以能成为船长，正是因为他曾经无数次经受过大风大浪的严酷考验。

同样，一个人能否立定意志努力奋斗，能否获得巨大的成功，也只有在困境中才能磨炼出来。外界的扶助，有时或许也是一种幸运，但更多的时候情况恰恰相反。你最好的朋友并不是供给你金钱的人，真正的好友，是鼓励你自立自助

第三章 走出胆怯

的人。

世界上许多人之所以会无所作为，就是因为他们贪图享受，缺乏自信，不敢照着自己的意志去行动。他们凡事都必须得到他人的同意认可才敢作出决定，这样的人，永远只是生活的奴隶。

一个身体健全的人如果总是依赖他人，慢慢地就会感到自己不是一个完整的人。用自己的双手撑起蓝天的人，才是天地间真正的巨人。一个人只有在能够自立自助的时候，才会感到自由自在，无比幸福。希望你可以做一朵花，不但芬芳了自己，还能让整个春天芬芳四溢。

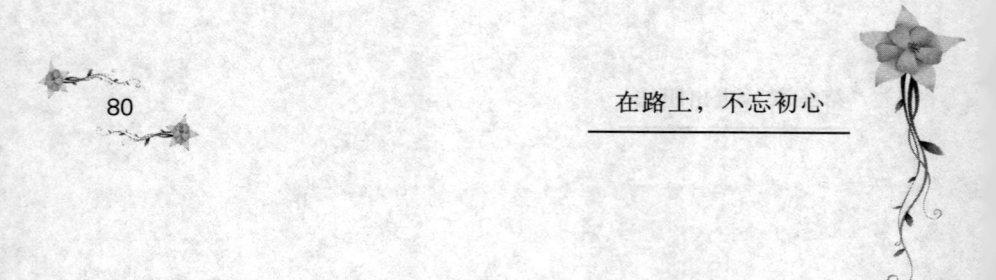

消除恐惧

恐惧多半是心理作用，但是它确实存在，并且是发挥潜能的头号敌人。如果你始终处于一种消极的心态，并且满脑子想的都是恐惧和挫折的话，那么你所得到的也都只是恐惧和失败。但是，如果你以积极心态发挥你的思想，并且坚信自己一定会取得成功，那么你的信心就会使你实现自己的目标。所以，我们必须摒弃恐惧，给自己更多可以实现成功的可能。

鲁迅先生曾说："人生的旅途，前途很远，也很暗。然而不要怕，不怕的人的面前才有路。"不要怕，才会行动，

第三章 走出胆怯

而行动可以治愈恐惧、犹豫，拖延则只会助长恐惧。也就是说，在我们前进的道路上，无论有什么障碍和困难，我们都不应感到惧怕。

在我们的生活中，当我们遇到困难的时候不要恐惧，我们一定要知道，没有什么事是真正值得我们恐惧的，我们只有勇敢地向前走，不回头，努力为自己的目标去努力，我们才会成功。也只有这样，我们才活得有意义，生命才更有价值。

伊利娜·鲁威特说："每一次你停下来直视恐惧的经历会使你获得力量、勇气和信心。"当一个决心面对某些事情的时候，那些事情总会慢慢地变小并最终撤退跑掉。面对困难或恐惧比试着逃避它们要安全得多。

有一个老牛仔，在一个大的养牛场做了一生。在那里冬天的暴风雨会让牛场损失很多牛。在冬天，冰冷的雨打在草原上，咆哮的、严厉的风使雪堆积成巨大的堆积物。温度很快就降到0°C以下。飞起来的冰块能割开肌肉。在这个恶劣的天气下，多数牛会背朝着冰块顺着风走。走了一英里又一英里，最后被边界的栅栏挡住，它们就靠着栅栏堆积并且死去。

但是赫里福德郡牛却不一样。这种牛会本能地头顶着风

走到牧区的尽头,它们在那里肩并肩地站在一起,面对着暴风雪,低着头抵抗它的袭击。

牛仔说:"很多时候你会发现,赫里福德郡牛能够在那样的环境里活下来并且活得很好。我想那就是曾经在草原上学到的最大的功课——面对生命中的暴风雪。"

这个人生的功课是很正确的,难怪牛仔会说这是他人生中有重要意义的一课。所以,面对让你感觉恐惧的事情,不要逃避,也不要顺从,而是要勇敢地面对。在人的一生中,我们会经历很多事情,我们无可避免地会重复地选择是逃避还是面对。面对,会让我们向着前方迈进,而逃避只会让我们原地踏步,甚至后退。

实际上很多恐惧是毫无根据、毫无意义的。有人说,在人的一生中,有92%的人所恐惧的事情从未发生,只有8%的发生了。让我们把恐惧踩在脚下吧!当你感到恐惧的时候,朋友们会劝你不要担心,那只是你的幻想,没有什么可怕的。虽然这种安慰可能会暂时解除你的恐惧,但是我们都很清楚,这并不能真正地帮你建立信心,消除恐惧。

那么,我们该怎样才能避免可怕的事降临呢?

最好的方法是跟潜能连接。潜能拥有无限的能力,若能

第三章 走出胆怯

和潜能接触就可得到其无限力量的供给,并感到很安心。这时候的自觉程度如果和潜能成正比的话,就可以受到能力的供给。这种自觉并不是靠看书或听到别人谈论就可了解的,而是自己心里必须十分明白已经到什么程度,即整个内心的自觉。

如果我们能和潜能的灵魂协调而生活,那么任何东西都无法从外在来攻击我们。意思也就是把心转换过来,时常往好的方面去想。

如果你是一个在人际关系上不得意的人,那么你也不能抱有"反正我都是不顺利的"坏想法,而是要想着"凡事我一定都是顺利的"。

如果你只是公司里的一名普通职员,你也不能认为自己一辈子就只是一名职员,如果在你的心灵深处播下这颗习惯性的种子,那么将会影响你未来的发展,所以,要脱离这种坏思想,不要恐惧未来,而是要怀揣梦想,相信有一天,自己也会成为董事长。

你要知道,在工作中,当我们遇到困难时,唤醒心中的勇气,会让我们找回自己。

伊尔文·本·库柏是美国最爱尊敬的法官之一,我们在

他的成长经历中能获得不少启示。

库柏在密苏里州圣约瑟夫城一个准贫民窟里长大,他的父亲是一个移民,以裁缝为生,收入微薄。

为了家里取暖,库柏常拿着一个煤桶,到附近的铁路去拾煤块。库柏为必须这样做而感到困窘。他常常从后街溜出溜进,以免被放学的孩子们看见。但是,那些孩子时常看见他。特别是有一伙孩子常埋伏在库柏从铁路回家的路上,袭击他,以此取乐。他们常把他的煤渣撒遍街上,使他回家时一直流着眼泪,所以,库柏总是生活于或多或少的恐惧和自卑的状态中。

但是,命运是公平的,它不会让人一直处于一种压抑的状态,有一天,库柏的人生终于发生了转机。库柏因为读了一本书,内心受到了鼓舞,从而在生活中采取了积极的行动。这本书是荷拉修·阿尔杰著的《罗伯特的奋斗》。

在这本书里,库柏读到了一个像他那样的少年奋斗的故事。那个少年遭遇了巨大的不幸,但是他以勇气和道德的力量战胜了这些不幸,库柏也希望具有这种能具有这种能勇气

第三章　走出胆怯

和力量。

库柏读了他所能借到的每一本荷拉修的书。当他读书的时候，他就进入了主人公的角色。整个冬天，他都坐在寒冷的厨房里阅读勇敢和成功的故事。不知不觉，自己也慢慢具备了积极的心态。

在库柏读了第一本荷拉修的书之后几个月，他又回到了铁路上，正巧那些坏孩子也迎面而来。他最初的想法是转身就跑，但很快，他就想起了他所钦佩的书中主人公的勇敢精神，于是他把煤桶握得更紧，一直向前大步走去，犹如他是荷拉修书中的一个英雄。

这是一场恶战。三个男孩一起冲向库柏。库柏丢一铁桶，坚强的挥动双臂进行抵护，使得这三个恃强凌弱的孩子大吃一惊。库柏的右手猛击到一个孩子的口唇和鼻子上，左手猛击到这个孩子的胃部。这个孩子便停止打架，转身跑了，这也使库柏大吃一惊。

与此同时，另外两个孩子正在对他进行拳打脚踢。库柏设法推走了一个孩子，把另一个打倒，用膝部猛击他，而且

发疯似的连击他的胃部和下颚。现在只剩下一个孩子了,他是他们的头儿。他突然袭击库柏的头部,库柏设法站稳脚跟,把他拖到一边。两个孩子站着,相互凝视了一会儿。然后,这个孩子们的头儿一点一点地向后退,也溜走了。库柏拾起一块煤,投向那个退却者,这也许是在表示他正义的愤慨。

当一切结束时,库柏才知道他的鼻子在流血。他的周身由于受到拳打脚踢,已变得青一块紫一块了。但是,这对于库柏来说是非常值得的。库柏的胜利,不是因为库柏并不比一年前强壮了多少,也不是攻击他的人不像以前那样强壮,而是在于库柏自身的心态。他已经不顾恐惧,面对危险而勇敢战斗。在库柏的一生中,这一天是一个重大的日子——他克服了恐惧,战胜了自己,也战胜了敌人。

他决定不再听凭那些恃强凌弱者的摆布。从现在起,他要改变他的世界了,他后来也的确是这样做的。库拍给自己定下了一个定位。当他在街上痛打那三个恃强凌弱者的时候,他并不是作为受惊骇的,库柏将自己想象成荷拉修书中的特罗伯特卡佛代尔,成了一个大胆而勇敢的英雄,在后来

第三章　走出胆怯

的人生道路上，他一直都在勇敢地战斗。

所以，把自己视为一个成功的形象，有助于打破自我怀疑和自我失败的习惯，这种习惯是消极的心态经过若干年在一种性格内逐渐形成的。此外，还可以把自己设定为可以激励自己的某一形象，它可以是一幅画，一句名言，等等，这些都可以帮你改变心态，为你带来一个不同的世界。

因此，充满勇气，你就能比你想象的做得更多更好。在勇于挑战困难的过程中，你就能使自己的平淡生活变成激动人心的探险经历，这种经历会不断地向你提出高标准，不断地奖赏你，也会不断地使你恢复活力和满怀创造力。

消除嫉妒

嫉妒是一种难以公开的阴暗心理。在日常工作和社会交往中,嫉妒心理常发生在一些与自己旗鼓相当、能够形成竞争的对手身上。嫉妒是一种不健康的心理,如果严重了就会影响到身心的健康、正常的生活和事业的发展。

例如,当你的同事因为工作业绩比较突出而收到了领导的嘉奖,还得到了提升,别人都过去称赞和表示祝贺,而你却木呆呆坐在那里一言不发。由于心里嫉妒对方,事后还会对人说起他的缺点和不好之处。如果对方知道了,再如法炮制,以牙还牙。如此恶性循环,必然影响双方的事业发展和

第三章　走出胆怯

身心健康。

男人40岁的时候，正值壮年，但是，郭先生的身体状况不大好，动辄失眠，心跳过速，一个七尺高的壮年男子汉却干不了多少力气活儿。

郭先生到医院进行全面的身体检查，也没有查出什么大毛病。时间长了，医生才逐渐发现郭先生的心理状态有些不正常，他对周围人的那种强烈的嫉妒心使得他的健康受到了一定程度的影响。这里且不分析他之所以"见不得别人比他强"的思想缘由，单就其结果对郭先生身体的伤害来讲，就足见嫉妒心理的严重危害性。可见，西方国家将嫉妒与麻风病相提并论是有道理的。

工作及社交中，嫉妒心理往往发生在双方及多方，因此要注意自己的性格修养，尊重与乐于帮助他人，尤其是自己的对手。这样不但可以克服自己的嫉妒心理，而且可使自己免受或少受嫉妒的伤害。同时还可以取得事业的成功，又感受到生活的愉悦，何乐而不为呢？

出色的人免不了受到他人的嫉妒，甚至会对你心怀敌意，有些人对别人的嫉妒和敌意情绪激动、表现失态，这不

是好的表现。对于嫉妒和敌意应该坦然、毫不在意地面对，这会给你很多的好处。一个人应该养成广博的心胸，这会成就你的一生。当别人诽谤你的时候，你应该以德报怨、以直抱怨。别人说你的坏话，你应说他的好话。这种品德特别值得人们赞美。这是富有智慧和才德的表现，如此，谣言和毁谤也会不攻自破。你的每一次成功都是对那些希望你倒霉的人的沉重打击。你的荣誉成为折磨他们的炼狱。让自己取得更多的成绩，这是对那些对你怀有敌意和嫉妒的人的最好的惩罚。

善于嫉妒的人心胸狭窄，他们会因为你的成功而无法得到心理的安宁。你取得的荣誉和成绩可能会杀死他们。遭受到别人诽谤的人美誉满身、青史留名；这是对嫉妒他人的人永远的惩罚。这样你会永远生活在荣耀之中，而诽谤嫉妒你的人却会一直遭受到自我的惩罚，他的内心深处充满了嫉妒和仇恨的感情，永远也无法获得安宁。

在北京市海淀区，曾经发生过这样一个案例：

北大物理系的一位女研究生，将同宿舍的一个同学推上了被告席。虽然原告与被告以前关系不错，是该系的姐妹花，但是两人的成绩不相上下，因此彼此又在暗中较劲。大

第三章　走出胆怯

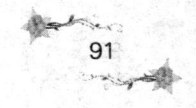

三的时候，两人都参加了托福和CRE考试。原告成绩较理想，遂向美国一所著名大学提出申请，不久被告知每年可获得近2万美元的奖学金。原告高兴万分，等着对方的正式录取通知书。被告考砸了，看到原告整天兴高采烈的模样，心中更加不爽。她越想越有气，于是就想到了一条毒计……

原告左等右等，迟迟不见正式通知的光临，就托在美国的同学去该校打听，校方说曾经收到她发来的一份电子邮件表示拒绝来该校，因此校方只好将名额转给别人。原告闻此消息如五雷轰顶，怎么也没想明白这到底是怎么回事。

为了弄清事情的真相，她经过多方调查，才发现是被告盗用了她的名义在心理系的机房给美国的大学发了一封拒绝函。原告非常气愤，忍无可忍之下，怀着愤怒的心情，将此事诉诸法庭。

因为嫉妒，一个耽误了另一个的前程，同时也断送了自己的前程。所以，嫉妒是非常可怕的一种心理，害人害己。

嫉妒心理在人类社会普遍存在。但是嫉妒并不是洪水猛兽，经过适当的引导反而会成为你积极上进的一种不可忽视的动力。那么，我们该如何克服嫉妒心理，或者说如何正面

引导嫉妒情绪呢？

首先，我们应该多想想别人好的一面，尤其是那些容易招致嫉妒的成功人士。喜欢一个人不仅因为他是什么人，最重要的是，你要知道，不是所有的人都喜欢他。如此一来，你心里就不会有空去嫉妒他了。

其次，让自己对一些有传染性的字眼产生免疫力。例如嫉妒。想想你手臂上或者大腿上的疤痕，它就是你的疫苗，使你不会嫉妒他人，或者成为他人嫉妒下的受害者。

第三，为了戒除某个坏习惯，方法就是用好习惯来限制它。你也可以用同样的方法来对付这个毛病，也就是用别的字眼来取代这些恶毒的字。例如，在你的想法里，当你看到别人的成就和成功时，将嫉妒换成赞赏或化成高兴。

第四，经常设想自己应该做什么，而不是去想别人做了什么。如果别人获得的成就当之无愧，就想想怎么做才能使自己跟他们一样，而不是嫉妒他们已有的成就。

总之，如果被嫉妒心理困扰，难以解脱，一定要控制自己，要认清其危害性，不做伤害对方的过激行为。然后不妨用转移的方法，让自己做一些既感兴趣又繁忙的事情，就会渐渐淡化嫉妒心理。

第三章　走出胆怯

说出你的心事

如果我们碰到什么难题时，就找一个能够信任的人，无论他是你的亲戚，或是朋友，跟他约好一个时间，在你们喜欢的地点，然后对那个人说："我希望得到你的忠告。"这将会给你带来意想不到的收获。

在美国波士顿有这样一个不同寻常的医学课程，参加的病人在进场之前都要进行定期和彻底的身体检查。可实际

上，这个课程是一种心理学的临床试验，虽然课程正式的名字叫做应用心理学，其真正目的却是治疗一些忧虑而病的人，而大部分病人都是精神上感到困扰的家庭主妇。

为什么会开设这么一种专门为忧虑的人所准备的课程呢？

1930年，约瑟夫·普拉特博士注意到，很多到波士顿医院求诊的病人，他们的生理上根本没有毛病，可是他们却认为自己有某种病的症状。

有一个女人的两只手，因为"关节炎"而完全无法使用，另外一个则因为"胃癌"的症状而痛苦不堪。其他有背痛的、头痛的，常年感到疲倦或疼痛。他们真的能够感觉到这些痛苦，可是经过最彻底的医学检查之后，却发现这些女人没有任何生理上的疾病。很多老医生都会说，其实他们的病在她们的脑子里——完全是因为心理因素引起的。

可是，普拉特博士却了解到，仅仅告诉那些病人回家之后把这件事忘掉根本就无济于事。他知道这些女人大多数都不希望生病，要是她们的痛苦那么容易忘记，她们也就不用这么难受和痛苦了。

第三章　走出胆怯

虽然医学界的很多人都对普拉特博士开这个班深表怀疑，但却有意想不到的结果。从开班以来，18年来，成千上万的病人都因为参加这个班而"痊愈"。有些病人到这个班上来上了好几年的课——几乎就像上教堂一样地虔诚。

那么，普拉特博士究竟是如何做到这一点的呢？

这个班的医学顾问罗斯·希尔费丁医生认为，减轻忧虑最好的药就是"跟你信任的人谈论你的问题，我们称为净化作用。"

她说："病人到这里来的时候，可以尽量谈她们的问题，一直到她们把这些问题完全赶出她们的脑子。一个人闷着头忧虑，不把这些事情告诉别人，就会造成精神上的紧张。我们都应该让别人来分担我们的难题，我们也得分担别人的忧虑。我们必须感觉到世界上还有人愿意听我们的话，也能够了解我们。"

在心理学上，所谓的心理分析其实完全可以理解为以语言的治疗功能为基础。从弗洛伊德的时代开始，心理分析家就知道，只要一个病人能够说话——单单只要说出来，就能够解除他心中的忧虑。为什么呢？也许是因为说出来之后，

我们就可以更深入地看到我们面临的问题，能够找到更好的解决方法。没有人知道确切的答案，可是我们所有的人都知道，当我们心中的不快和痛苦诉说出来，就会感觉好很多，整个人也会觉得轻松不少。

也许旁观者清可以看到你自己所看不见的角度。而且即使你不能做到这一点，只要你坐在那里听我谈谈这件事情，也等于帮了我很大的忙了。"

把心事说出来，这是波士顿医院所安排的课程中最主要的治疗方法。下面给你一些你完全在家也可以做到的方法，来帮助你做到这一点：

1. 不要为别人的缺点太操心。

2. 准备一本"供给灵感"的剪贴簿——你可以贴上自己喜欢的令人鼓舞的诗篇，或是名人格言。往后，如果你感到精神颓丧，也许在本子里就可以找到治疗方法。

3. 避免紧张和疲劳的唯一途径就是放松。

4. 今晚上床之前，先安排好明天工作的程序——这可以使你更有效率地完成每天的工作，减少忧虑的产生。

5. 要对你的邻居有兴趣——对那些和你在同一条街上共同生活的人，有一种很友善也很健康的兴趣。这样你就拥有

第三章　走出胆怯

很多可以谈心的对象和话题了。

当然，除了倾诉，还有很多其他的方式来发泄心中的忧虑和不快。

有一次，有位女士的双肩突然产生疼痛，接连痛了两天。起先，她以为它自己会好，不去理它。但几天了，疼痛依然。最后，她只得坐起问自己："究竟是什么不妥？怎么会老是这么痛？"感觉像火烧一样，那种滋味令她难受，她意识到自己的疼痛，一定是由怨恨引起的。

但是，她不知道自己的怨恨从何处产生。于是，她便将床上的两个大枕头，拿来出气——用力地捶打那两个大枕头。当他捶打了十多下的时候，她忽然明白了自己为什么会有怨恨，于是她继续、更大力地不断捶打那对大枕头。当她打完以后，感觉自己舒服多了，跟着，她的双肩居然没有再痛了。

很多人不知道宣泄的好处，只会郁闷；很多人都为了以往发生的事，到目前都不快乐。他们不快乐的原因，是因为在过去没有做某一件事，或做错了某一件事；也有因为以往曾拥有过东西，现在失去了，所以很不快乐；他们有的曾

经在一次恋爱中被伤害过,直到以后仍旧不愿接受爱情;他们以往遇到不愉快的事,就认定这些不愉快的事还会卷土重来。然而,这些都只是在无谓地自我惩罚,根本没有必要。

  从现在开始,每当你感到忧虑,就把它发泄出来吧!我们只有学会发泄心中的不快,才能像扔掉不断压在身上的包袱一样,让自己轻装前行,这样才能在人生之路上越走越远。

第三章　走出胆怯

保持进取心

对于进取心，胡巴特曾作过如下说明：

"所谓进取心，就是人要主动去做应该做的事情。"

"这个世界愿把一件事情赠予你，包括金钱与荣誉，那就是'进取心'。"

"仅次于主动去做应该做的事情的，就是当有人告诉你怎么做时，要立刻去做。"

拿破仑·希尔告诉我们，进取心是一种极为难得的美德，它能驱使一个人在不被吩咐应该去做什么事之前，就能主动地去做应该做的事。

如果你想成为一个具备进取心的人，你必须克服你性格中拖延的习惯。把你应该在上星期、去年或甚至于十几年前就要做的事情，不要再拖到明天去做。要知道，拖延的习惯正在啃噬你意志中的重要部分，你只有革除了这个坏习惯，才能取得成就，否则很难。

如何才能克服拖延的习惯呢？现在为大家推荐以下几种可以使用的方法：

第一种方法：每天要把养成这种主动工作习惯的价值告诉别人，至少也要告诉一个人。

第二种方法：到处去寻找，每天至少要找出一件对其他人有价值的事情来做，而且不要期望一定要获得报酬。

第三种方法：每天从事一件明确的工作，而且不必等待别人的指示就要能够主动去完成。

此外，人的进取心还受到拖延时间这个因素的影响。我们知道，拖延时间，意味着虚度光阴，无所事事，无所事事会使我们感到厌倦无聊。看看那些取得过最佳成绩的人，他们都是没有时间议论别人的，也没有时间闲着，他们总是忙自己的实际工作。如果我们利用"现在"做一些自己愿意做或者喜欢做的事情，我们就能充分发挥自己的思维能力和创

第三章 走出胆怯

造能力，将这些事情做得更好，这样一来，我们就会在生活中发现快乐，永远不会觉得生活乏味无聊。

在某些时候，人们容易提不起勇气，心存恐惧。我也有过恐惧，比如工作。每当我在处理一些公司难题的时候，有人说我很勇敢，有些报纸甚至说我是个"无畏的第二管家"。但是，我具有"勇气"，并不能够说我就没有存在过恐惧，因为"勇气"其实就是面对恐惧仍然行动的行为。如果你现在担心将来的境况，担心将来能够做什么工作，不清楚自己将往什么地方走，那么，走出第一步就等于是展现勇气。

我现在的工作是演讲和专业咨询，为一些公司的高级职员做职业培训，给一些知名的公司解决问题。这是我自己选择生活或者说是职业生涯。

有人为我担心，说我不应该做这么多的工作，担心我胜任不了。其实，我这样做只是为了证明我自己，并不是我知道终点，我所想的只是现在接受挑战，去解决很多无法预料的问题。我没有替自己找借口的习惯，我需要的是再加快自己的行动速度。我可以在行动中看到机会，即使是心怀恐惧，也要采取行动，走出第一步，即使不知道后面的路怎么

走也要走出第一步。

也许你不认同我的做法，也不认同我提出的建议，即使你不同意我现在做的这些事情，你仍然可以在将来的某些时间做这些事情。我相信，你会在你的奋斗中突破恐惧的心理，争取更多的时间做更有意义的事情，改掉拖延的习惯，增强进取心。

在2003年全美石油工业首脑峰会之后，俄亥俄州石油公司的总裁拉菲尔先生讲了这样的一个小故事：

安东尼是一个部门主管，每天醒来就一头扎进工作堆里，忙得焦头烂额，寝食不安，整个人都快要崩溃了。于是，安东尼去请教一位成功的公司经理。

来到这位公司经理的办公室之前，安东尼看见他正在接听一个电话。听得出来，和他通话的是他的一个下属，而这位经理很快就给对方做出了工作指示。刚放下电话，他又迅速签署了一份秘书送进来的文件。接着又是电话询问，又是下属请示，公司经理都马上给予了答复。

半个小时过去了，再也没有他人来"打扰"了，于是这位公司经理转过头来问安东尼有什么事情。安东尼站起身

第三章　走出胆怯

来说："本来是想请教您，身为一个全球知名公司的部门经理，您是如何处理好那么多的工作的，但现在不用了，我已经通过您的行动给了我一个明确的答案。我明白自己的毛病出在哪儿了，您是现在就把经手的问题解决掉，而我却无论遇到什么事，都先接下来，等一会儿再说，结果您的办公桌上空空如也，我办公桌上的文件却堆积如山。"

相信每一个看过这个故事的人都会从中得到一些启示：一个人、一个团队，能否在自己的事业生涯中取得成功，秘诀就在于，从现在开始不要把事务拖延到一起去集中处理，而是行动起来，立刻去做好正在经手的每一件事。

当然，做好现在的每一件事就是管理好时间的一个充分体现，我们只要把时间掌握好，不再为自己的行动去寻找借口，无故拖延，我们就会做得更好，更出色。

托马斯·爱迪生先生曾经说过："世界上最重要的东西就是时间，拖延时间就是浪费生命。"

当然，每个人都知道时间的宝贵，但是真正懂得珍惜时间、利用时间的人却为数不多。大凡成功的人，都有一颗进取心，都懂得不拖延，不找借口，珍惜时间，即使行动，做好每一件事，所以他们才能做事效率高，才能赢得众人的认

可，收获成功。

　　我们如果想要有所成就，就要保持一颗进取心，做好时间的主宰者。

第四章

乐观

第四章 乐观

心态决定命运

　　积极的心态是一种看不见的法宝,会在人的一生中产生惊人的力量:它能让你获得财富,拥有幸福,健康长寿;可以使你达到事业的顶峰,尽享人生的快乐与美好,体会幸福和成功。

　　一个年轻的销售员有了一些销售经验之后,就给自己定下了一个特殊的目标——获奖。这对于一个刚刚有点销售经验的人来说,是一件比较困难的事情,因为要想做到这一点,他至少要在一周内成功销售100次。

　　从星期一开始,他就马不停蹄,四处奔波,终于,到了

星期五的晚上，他已经成功地销售了80次，但是，离要求还差20次。为了实现自己的目标，这位年轻人痛下决心：什么也不能阻止他达到目标。于是他没像其他销售人员一样，趁着周末好好休息一下，而是在星期六的早晨又回到了工作岗位。

但是，星期六这一天他并不顺利，直到下午3点钟，他还没有做成一次买卖。他知道：交易可能发生在销售员的态度上——不在销售员的希望上。

这时，他记起了他的自励警句——我觉得健康！我觉得愉快！我觉得大有作为！而且还热情满满地重复了五次。

大约在那天下午5点钟，他作了三次交易。这距他的目标只差了17次了。

此时，一句话萦绕在他的脑海中：成功是由那些肯努力的人所取得的，并为那些积极而不断努力的人所保持的。

他又热情地再重复几次：我觉得健康！我觉得愉快！我觉得大有作为！

那天夜里11点时，他太累了，疲倦了，但他是愉快的，因为他做成了20次交易！他达到了他的目标，赢得了奖品。

第四章　乐观

这个销售人员的故事告诉我们一个道理，保持乐观进取的态度，是激发潜能、取得成功的关键。

一般来说，人们对于一件事的好坏的评判标准，主要是取决于个人的习惯、心态和看问题的角度。"好事"也可以说是"坏事"，"幸事"也可以说是"倒霉事"。你对现实抱什么样的观念，就会给你的思想方法和行为举止涂上什么色彩。

积极心态，是一种对任何人、情况或环境所持的正确、诚恳而且具有建设性，同时也不违背人类权利的思想、行为和反应。在积极心态的影响下，你能扩展你的希望，并克服所有消极心态。它给你实现你欲望的精神力量、感情和信心，积极心态是当你面对任何挑战时应该具备的"我能……而且我会……"的心态。

如果你认准了什么事都很糟，你就有可能不知不觉地给自己造成不愉快的环境。一旦你觉得厄运即将临头，你就会做出一些起消极作用的事，使你的预言真的应验。所以说，积极心态是迈向成功的不可或缺的要素，是成功理论中最重要的一项原则，你可将这一原则运用在你的生活和工作上，它将会给你带来意想不到的收获。

也许一个被消极心态困扰的人嘴中可能时常念叨成功，但就是不能成功，因为他们不愿付诸行动，也不知怎么行动，他们没有目标。因为消极的心态深藏在他们的潜意识里，这直接影响了他们的成功，虽然他们想去克服，但又下不了决心去克服，于是他们的生命里就永远不由自主地呈现这种状态。

一个人如果抱着消极的心态面对生活，必定会比拥有积极心态的人遭到更多的失败。他们情绪沮丧、步履缓慢、两眼无神、悲观失望。他们往往具有这样的特征：愤世嫉俗，认为人性丑恶，与人不和；没有目标，缺乏动力，不思进取；缺乏恒心，经常为自己寻找借口和合理化的理由逃避工作；心存侥幸，不愿付出；固执己见，不能宽容人；自卑懦弱，无所事事；自高自大，清高虚荣，不守信用，等等。

抱有消极心态的人，对自己也有一个消极的自我评价。他们往往会这样想："我在家我是最小的，在班上我还是最小的。""我原来就有粗心大意的毛病。""我的责任心一直不强。""我的感情总是这么脆弱。""我的身高在全球几乎是最矮的。""我的英语成绩在小学时候就不好。""我就是不擅长体育活动。""我做事老是过于谨慎。""我太胖

第四章　乐观

了，一点儿魅力都没有。"虽然这些都只是小事，而且评价也只有很小的力度，然而这些评价加起来往往会影响一个人的做事方式，最终导致选择人生道路的不同。

这些消极的自我评价的一个共同特征就是总觉得自己在某一方面不如别人。我们知道，每个人总是以他人为镜来认识自己，和进行自我评价的。对于涉世未深的青年学生，来自他人的评价显得尤为重要。如果他人，特别是较有权威的人，如父母、老师或自己所敬佩的人对自己作了较低的评价，就会影响自己对自己的认识，使自己也低估自己。

消极的自我评价会使人产生自卑感，心理学家的研究发现性格较内向的人，往往愿意接受别人的低评价，而对外界的高评价则易持怀疑态度。他们在将自己与他人进行比较后，也多半自觉不自觉地拿自己的短处与他人的长处相比，结果当然是越比越觉得自己不如别人，越比越泄气，越比自我评价越消极，自卑感便油然而生。心理学家尚未研究的问题是：有些性格并不内向的人，由于消极的自我评价也会逐渐变得内向起来。

没有人不希望自己可以永久处于欢乐和幸福之中。然而生活是错综复杂、千变万化的，并且经常发生祸不单行的

事。频繁而持久地处于扫兴、生气、苦闷和悲哀之中的人，健康必然会受到影响，甚至减损寿命。当然我们是有办法解决这些困惑的，当我们遇到不开心的事情，心怀不快时，不妨采取以下策略：

策略一：转移思路。

当扫兴、生气、苦闷和悲哀的事情临头时，可暂时回避一下，努力把不快的思路转移到高兴的思路上去。例如，换一个房间、换一个聊天对象、有意去干一桩活、去串门会一个朋友或有意上街去看热闹等。"难得糊涂"是用在对待这类既烦恼却又无关紧要的琐事时，是改善心情再恰当不过的好办法。

策略二：多舍少求。

俗话说"知足常乐"，不抱怨自己吃亏的人的确很难愉快起来。多奉献少索取的人，总是心胸坦荡、笑口常开。整天与别人计较工资、奖金、提成、隐性收入的人心理怎么会平衡？只有听之任之，给多少也不在意的人心情才比较稳定。至于对别人能广施仁慈之心，包括当素不相识的路人遭遇困难时也能慷慨解囊、毫不吝啬的那些人也许很少出现烦心事。

第四章　乐观

策略三：向人倾述。

心情不快却闷着不说，会闷出病来，有了苦闷应学会倾诉。首先可以向朋友倾述，这就需要先学会广交朋友。如果经常防范着别人的"侵害"而不交朋友，也就无愉快可谈。没有朋友的话，不仅遇到难事无人相助，也无法找到可一吐为快的对象。把心中的苦处能和盘倒给知心人并能得到安慰的人，心胸自然会像开了扇门。即使面对不很知心的人，学会把心中的委屈不软不硬地倾述给他，也常能得到心境立即阴转晴之效。

策略四：爱好执着。

人无爱好，生活单调，而且与那些有着一两种令人羡慕的爱好的人相比，心中往往平添几分嫉妒与焦躁。除少数执着追求自己本职事业者外，许多人能培养自己的业余爱好。集邮、打球、钓鱼、玩牌、跳舞等都能使业余生活丰富多彩。每遇到心情不快时，完全可全身心一头扎到自己的爱好之中。

策略五：求助医学。

对于长期心情不畅、无法自拔者，可进行心理治疗和药物治疗。长期心情不快可能由隐匿性抑郁症所引起，或由其

他较轻微的障碍所引起，其共同特征是体内一种叫作血清素（5羟色胺）的神经特质减少，引起情绪低落，通过服用一些能升高体内血清素水平的抗抑郁药，也可改善低落的心境。

策略六：亲近宠物。

有意饲养猫、狗、鸟、鱼等小动物及有意栽植花、草、果、菜等，有时能起到排遣烦恼的作用。遇到不如意的事时，主动与小动物亲近，小动物凭与主人感情的基础，会逗主人欢乐，与小动物交流几句更能使不平静的心很快平静。摘摘枯黄的花叶，浇浇菜或坐在葡萄架下品尝水果，等等，许多很简单的生活小事，都可以有效地帮助我们调整不良情绪。

第四章　乐观

挫败消极心态

著名的美国政治家罗尔斯曾经在就职演说中说:"信念值多少钱?信念是不值钱的,它有时甚至是一个善意的欺骗,然而你一旦坚持下去,它就会迅速升值。"

当然,罗尔斯在这里说的是积极的信念,而不是消极的信念。这是必须要指出的一点,因为大家千万别看消极心态,它会限制你的潜能,将你的生活、事业搅得一塌糊涂。消极心态就像一剂慢性毒药,吃了这付药的人会慢慢地变得意志消沉,失去任何动力,而成功就会离运用消极心态的人越来越远。不但如此,消极心态会使人看不到将来的希望,

进而激发不出动力,甚至会摧毁人们的信心,使希望泯灭。

所以,人必须抱定积极的信念,向着自己的目标不断前进。

在人的一生中,有许多非常重要的学问值得学习,其中,如何面对挫折就是重要的一个。对于挫折,处理得好坏往往就决定了一生的命运。在挫折到来时,我们要记住安东尼·罗宾的这句话:"面对人生逆境或困境时所持的心态,远比任何事都来得重要。"

有些人在经历了一些挫败后便开始消沉,认为不管做什么事都不会成功,这种消极的心态蔓延开来让他觉得无力、无望、甚至于无用。如果你要想克服消极心态、要想追求自己的优势,就千万不可有这样的心态,因为它会扼杀你的潜能,毁掉你克服生存危机的希望。

人如果没有积极的心态,坚定的信念,将很难做成事情。相反,如果面对挫折,却还能义无反顾,坚持做自己想做的事情,并最后取得成功,那么这样的人就是生活中的强者,是值得大家学习的人,就是我们生活的榜样。

有什么样的心态,就会有什么样的生活,也会有什么样的人生。

有位太太请了个油漆匠到家里粉刷墙壁。

第四章　乐观

油漆匠一走进门，看到她的丈夫双目失明，顿时露出怜悯的眼光。可是男主人一向开朗乐观，所以油漆匠在那里工作的几天，他们谈得很投机，油漆匠也从未提起男主人的缺憾。

工作完毕，油漆匠取出账单，那位太太发现比谈妥的价钱打了一个很大的折扣。她问油漆匠："怎么少算这么多钱呢？"

他回答说："我跟你先生在一起觉得很快乐，他对人生的态度使我觉得自己的境况还不算最坏。所以减去的那一部分就算我对他表示一点儿谢意，因为他使我不会把工作看得太苦！"

油漆匠对她丈夫的赞美使她流下了两行热泪，因为这位慷慨的油漆匠只有一只手！

心态是这个世界上最廉价的东西，任何人都可以不费吹灰之力就获得。但是，并不是所有人都懂得珍惜和利用它，很多时候，人们似乎无视它的存在，其实，这是不对的，只有善加利用它的人，才会成就自己的梦想。要知道，所有成功的人，最初都是从一个小小的心态开始的。心态就是所有奇迹的萌发点。

马丁·塞利格曼是宾洲大学的教授。在他所著的那本

《克服生存危机的乐观意识》一书中曾指出,有三种特别模式的心态会造成人们的无力感,最终便毁了自己的一生。这三种心态是永远长存、无所不在及问题在我。

当自己存在危机或处于危机状态时,你可曾怀疑过自己做某件事的能力吗?你是怎么想的?很可能是你自问了这样的问题:"如果行不通怎么办?"或"如果我做不来怎么办?"很明显,这个问题似乎有些沉重,如果你质疑自己的心态,就说明你对自己根本没有信心,即使曾经相信过,那也是在一种糊涂的状态下相信的。

事实上,大多数情况下,我们之所以克服消极的心态,是由于他人的帮助。只是我们当时没有好好探究,也就是所谓的"当局者迷"。如果我们重新去认识,就会发现,有些克服消极心态的信念,其实根本没有道理,而自己却稀里糊涂地相信了那么长时间。

如果你对任何事物不断提出问题,没多久就会开始对它产生怀疑,这包括那些你深信不疑的事物。我们克服消极心态的心态,按其相信的程度可分为几个等级,清楚知道它们的等级十分重要,给它们分成的等级是:游移的、肯定的以及强烈的。

第四章 乐观

也许今天你对某些事已有充分把握，可是别忘了，随着岁月的流逝我们会面对新的环境，我们得有更有力的心态才行。别一味相信以往曾使你有把握的心态，当你拥有更多的依据后，这些心态便会改变，不过今天你应该关心的是，目前所持有的心态是否能帮助你突破和成长，看看它们能带给你什么样的结果。

如何认识消极心态呢？

现在，请你放下手上的一切事情，给自己十分钟，彻底从脑子里翻出那些可以帮助你克服消极心态的心态，并且好好地想一想，不管这些克服自身消极心态的心态对你是有帮助的或是有妨碍的，要尽可能把它们都写下来，让自己看到。

对那些克服消极心态的人来说，最忌讳陶醉在自我满足的心态中，因为满足自我的心态是人生的死海症状。死海是个没有出口的海，因而成为一滩有毒的死水，并且正逐渐消亡。满足自我像死海一样，是一种以自我为中心的人生态度，终将妨碍我们发挥潜能。

克服消极心态的秘诀就在于对未来有把握，抱着不断突破的信念而拿出必要的行动，就一定能为自己及他人开创期望的人生。

积极心态的力量

对于一个人来说，没有什么比心态更能决定一生的成败了。如果你培养了自己的积极心态，你就会发现，在世界上所有的人和事物中，对你来讲最最重要的人只有一个，那就是你自己。这是一种自信的心态，积极的心态，无往不胜、惟我独尊的王者心态。

华盛顿大学的心理学家席耶发现，在面对求职遭拒之类的挫折时，乐观者多半会拟订行动方案，寻求他人帮忙或忠告；悲观者遇到类似困境时，会认定事情已无挽回余地，或者大多会试着忘掉一切。而乐观者通常只有在真正无法挽救

第四章　乐观

的情况下才会出现这种态度。

　　积极的心态会帮你成就自己的梦想，而消极的心态只会让你在梦想面前止步。

　　宾夕法尼亚州大学的赛利曼博士说："克服消极心态之道，在于几许天分加上屡败屡战的精神。"两者互相结合即为乐观。赛利曼博士还说，较实际情况更能掌握自己生命的人，所获成果会比那些自以为洞悉事理的悲观主义者好。

　　在下面的故事中，女主角的故事足以启示你我：只要我们活着，就有希望。一个人突破人生局限之后，其前途是光明还是黑暗，就看他持有一种什么样的心态，就看他对未来的想法与计划。

　　自从胖了50磅以来，朗特丝每天要睡16~18小时。她精神空虚，已沮丧到不想起床的地步。就在这时，收音机里的一则广告引起了她的兴趣。由于朗特丝的治疗师说过她不可能好转，因此，实在很难相信，她会对健康俱乐部的广告感兴趣。更令人惊讶的是，她竟然摇摇晃晃地跑到那里一探究竟。这是她的第一步。也是她的故事得以继续的关键一步。

　　俱乐部推广人员及会员既友善又生气蓬勃，他们显然很

喜欢目前从事的工作。朗特丝顺利加入俱乐部，展开运动课程。经过一段时间，她的感觉及精神大幅度地转变，于是她说服俱乐部给她一份工作。

以前她在鞋店卖过鞋，成绩相当不错，后来因家人的坚持，改行当老师。当老师期间，她非常不快乐，心情很郁闷，又开始拼命吃巧克力蛋糕，结果体重大增，精力大衰。

当俱乐部了解了她的工作经历之后，给了她一份俱乐部的推广工作，这令她回想起鞋店的快乐时光，但她的情绪仍旧起伏不定，时好时坏，因此她的经理便给她一套励志录音带，要她每天听。没想到她的销售业绩及个人生活竟因此大获改善。

朗特丝向来对广播推销非常向往，有意向这个方向发展。但她中意的电台没有适合她的职位，也不愿给她面试机会。那时她已领会坚持到底的诀窍，便死守在总经理办公室门前，直到他适应让她面试为止。看到她的信心、决心、毅力及冲劲，经理终于点头，答应雇用她。一开始，她的表现就非常惊人，没过多久，便遥遥领先于其他同伴。

第四章 乐观

接下来是她的人生转折点：她跌断了腿，几个月之内都得打上石膏、拄拐杖，但她并没有停下来。12天后，她又回到电台，并雇了一名司机载她到各指定地点去。由于上下车对她实在很不方便，她开始利用电话进行推销和接订单，结果业绩竟大幅度地提高。

由于朗特丝一人的业绩比其他四名推销员的总和还高，她们于是向她讨教。朗特丝向来不吝与人分享资讯，因此便将自己的方法传授给其他销售员。

没多久，销售部经理辞职，大家便向上级请求，由朗特丝接任经理一职。

自从朗特丝捕获新职，她就更加兢兢业业，不但每天召开销售会议，还保持自己的业绩。虽然电台销售仅占市场的2%，但他们每个月的营业额仍由4万美元上升至10万美元，全年下来，共累积达27万美元！

广播电台的狄斯耐频道总经理听说这个电台听众最少，业绩却名列前茅，便邀请朗特丝到其城市主持研讨会。其实那时候，不管她到哪里，成果都相当显著，因为一旦有了凝

聚信心的动机，再配合顾客至上的销售技巧，生意自然蒸蒸日上。

毋庸置疑，研讨会取得了非常了不起的成果，于是狄斯耐连锁电台因此聘请朗特丝担任整个连锁店的销售部副总经理。"全国广播协会"也邀请她到全国大会中对2000名听众发表一场演讲。虽然朗特丝从未有过演讲的经验，但她对自己及所学的技巧，都具有无比的心态。

她认认真真地准备讲稿，想象自己说话的样子，在心里想着听众对她演讲报以热烈回响的情景。每演练完一次，她就给自己来个起立鼓掌。

那一天终于到来。她准备了一大堆演讲稿，一切准备就绪。但是当她踏上讲台，眩目灯光却使她很难看清演讲稿。于是她依照心中的感想发表演说。听众如痴如醉，不断报以雷鸣般的掌声，并起立为她致敬。现场的景象与她心里所想象的完全一致。演讲完毕后，她立即受邀请前往全国18个城市开办研讨会。

经过不断地努力和奋斗，朗特丝成为全国知名的演说

第四章　乐观

家、作家,她还成立了朗特丝推销与激励公司,亲自任董事长。她的朋友增多了,心态平和安宁,家庭关系融洽,她比以往更快乐、更健康、更富裕,也更稳定,对未来更是充满希望。

朗特丝的故事是非常美好的,尽管开始让人觉得很糟糕,但是只要你想要改变,就没有什么可以阻挡你。

也许我们很多人自身存在一些不足和危机,其实这都算不了什么,只要努力培养自己的积极心态,就可以大幅度摆脱和克服自身的危机而成就非凡。动机主要是指行动,但它就像一把火,需要时时添加燃料。负面思想就象地心引力,会拉着你往下掉,只要人一心想挣脱,便可不费吹灰之力向前迈进,最终取得成功。

培养正确的心态

积极的心态并不能保证事事成功，但积极心态肯定会改善一个人的日常生活。可以肯定的是，与积极心态相反的心态则必败无疑，因为从古至今，从来没有消极悲观的人能够取得持续的成功。因此，我们必须拥有一种正确的积极的心态。

积极的心态是一种正确的心态，具有积极心态的人，总是有着较高的目标，不断地奋斗，以达到自己的目标。

培养积极之心是生命中最重要的一环。所谓积极之心，包括所有"正面"的特质，如自信、希望、乐观、勇气、慷慨、机智、仁慈及丰富的知识。对人生态度积极的人，必有远

第四章 乐观

大的目标并为此不懈努力。

蒙利想做薄饼生意,但每一个人都告诉他:"你完全缺乏这方面的知识,你不可能成功。"但蒙利对这些议论不以为然,他排除万难,于1962年在密歇根州开设了第一间"多棉劳"薄饼店。30年后,他在全球拥有5000多间分店,成为"薄饼大王"。

也许你现在已经确信一点,积极的心态与消极的心态一样,它们都能对你产生一种作用力,不过两作种力的方向相反,作用点相同,这一作用点就是你自己。

所以,为了获取人生中最有价值的东西,为了获得自己家庭的幸福和事业的成功,你必须最大限度地发挥积极心态的力量,以抵制消极心态的反作用力。虽然我们并不是从生下来那一刻起就有积极心态,但是我们却可以通过一些办法努力培养起来。

一般来说,培养积极心态可以参考以下八种方法:

1. 重视你自己的生命

不要说:"只要吞下一口毒药,就可获得解脱。"不妨想,"信心将协助你渡过难关"。由于头脑指挥身体如何行动,因此你不妨从事最高级和最乐观的思考。

2. 不要躲起来

生活中发生变化是很正常的。每次发生变化，总会遭遇到陌生及预料不到的意外事件。不要躲起来，使自己变得懦弱。相反的，要敢于去应付危险的状况，对你未曾见过的事物，要培养出信心来。

3. 多与乐观者在一起

不要浪费时间去阅读别人悲惨的详细新闻。在开车上学或上班途中，听听电台的音乐或自己的音乐带。如果可能的话，和一位乐观者共进早餐或午餐。晚上不要坐在电视机前，要把时间用来和你所爱的人聊聊天。

4. 在你生活的每一天里，写信、拜访或打电话给需要帮助的某个人，向某人显示你的信心，并把你的信心传给别人。

5. 妥善利用星期天

把星期天变作培养"良好信心"的日子。到野外郊游，找一两个知心朋友小聚，看一本自己喜爱的书，和家人共进晚餐等，这些美好的情景都能帮助我们找回信心。

6. 从事有益的娱乐活动与教育活动

观看介绍自然美景、家庭健康以及文化活动的录像带；挑选电视节目及电影时，要根据它们的质量与价值，而不是

第四章 乐观

注意商业吸引力。

7. 时刻保持健康的形象

在幻想、思考以及谈话中，时刻表现出你的健康状况很好。每天对自己做积极的自言自语。不要老是想着一些小毛病，像伤风、头痛、刀伤、擦伤、抽筋、扭伤以及一些小外伤等。如果你对这些小毛病太过注意了，它们将会成为你"最好的朋友"，经常来向你"问候"。你脑中想些什么，你的身体就会再现出来。

8. 改变你的习惯用语

不要说"我真累坏了"，而要说"忙了一天，现在心情真轻松"；不要说"他们怎不想想办法？"而要说"我知道我将怎么办"；不要在团体中抱怨不休，试着去赞扬团体中的某个人；不要说"为什么偏偏找上我，上帝"，而要说："上帝，考验我吧"；不要说"这个世界乱七八糟"，而要说"我要先把自己家里弄好"。

学会了以上八种方法，也许你已经愿意积极生活。当然这是个人的选择。如果你一旦作了积极的决定，即意味着日常生活中，到处都是机会。每次经验都是全新的开始，可用不同的想法和感觉去体会。面对生活中源源不绝的挑战，在

取得主动的地位后，便能镇定自若地调兵遣将，决定应付的方式和态度。

　　那些拥有积极心态的人，是积极主动的，他们不仅有选择、拒绝的能力，而且能够担负自己的责任，塑造自己的未来，发挥人性的光辉潜能，也只有这种人才能成为爱因斯坦、摩根、洛克菲勒等成大事者。而那些具有消极心态的人则是被动消极的，对将来总是感到失望，在他们的眼中，玻璃杯永远不是半满的，而是半空的。受消极潜意识和本能的盲目驱使，他们的一生碌碌无为，只能成为一个机械的而非积极主动的人，注定一无所成。

　　有些人虽然有积极的心态，但是一遇到挫折就会失去信心；他们不了解成功需要用积极的心态去不断尝试。

　　积极还是消极，全凭你自己决定。因为你是你自己的指挥官，没有任何人能命令，或以他的意志驱使你。一切主动权皆操之在你。

第四章 乐观

态度决定命运

　　有时候积极思想之所以无效,是因为我们没有真正去实行这一原则。积极思想需要不断训练、学习及持之以恒。你只有保持一种态度,并乐意主动去实行,才能见成效。

　　积极的心态能吸引财富,但消极的心态只会适得其反。现在你可以从积极的心态出发,向前迈出你的第一步。这时你也可能受到消极心态的影响,当你距离到达你的目的地只不过一步之遥时,你却停下来了。

　　罗斯毕业于麻省理工学院。据说他已经把旧式探矿杖、电流计、磁力计、示波器、电子管和其他仪器结合成勘探石

油的新式仪器。

1929年下半年的一天，罗斯在美国中南部的俄克拉荷马州首府俄克拉荷马城的火车站上，等候搭乘火车往东去。他正在为一个东方的公司勘探石油，已经在气温高达43 ℃的西部沙漠地区，待了好几个月。

罗斯得知，他所在的公司因无力偿还债务而破产了。罗斯踏上了归途。他失业了，并且前景相当暗淡。

此时，消极的心态占据了他的内心。由于他必须在火车站等待几小时，他就决定在那儿架起他的探矿仪器用以消磨时间。仪器上的读数表明车站地下蕴藏有石油。但罗斯不相信这一切，他在盛怒中踢毁了那些仪器。"这里不可能有那么多石油！这里不可能有那么多石油！"他十分反感地反复叫着。

没过多久人们就发现，罗斯在俄克拉荷马城火车站登上火车前，把他用以勘探石油的新式仪器毁弃了，他也丢掉了一个全美最富饶的石油矿藏地。

不久之后，人们就发现俄克拉荷马城地下埋有石油，甚

第四章　乐观

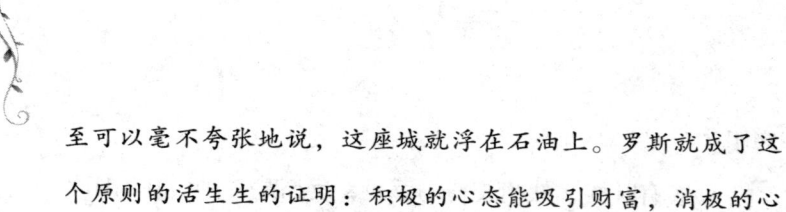

至可以毫不夸张地说，这座城就浮在石油上。罗斯就成了这个原则的活生生的证明：积极的心态能吸引财富，消极的心态会排斥财富。

对于罗斯来说，最重要的是对自己充满信心，因为这是成功的重要原则之一。很多时候，检验一个人的信心如何，看看在他最需要的时候是否应用了它。但是，由于失业，再加上他的消极心态，他不知道，自己一直寻找的机会就躺在他的脚下。所以，他不肯承认它，他对自己的创造力失去了信心。就这样，他失去了一次获得巨大财富的机会。

我们总是在意想不到的时候产生出不愉快的想法。所以重要的是，我们不但要学会如何排除不愉快的想法，还要学会怎样把腾空了的地方装上健康而积极的念头和想法。

事业有成的比尔·盖茨仍潜心凝神地工作，目标是把微软的产品卖到全球每一个地方；迈克尔·乔丹成为篮球场上无敌的"飞人"，年薪上百万美元；白发斑斑的美国威斯康公司董事长萨默·莱德神采奕奕、永远年轻。他所领导的公司在美国拥有很大的名气……在这里，他们的身份各异，但是他们的态度却有着惊人的相似——认真地对待工作，百分之百地投入工作，从来没有想过要投机取巧，从来不会耍小

聪明。

其实有时候，杜绝狡猾的手段，反而是一种极其聪明的做法。很多人就是因此取得了令人瞩目的成就。

"态度决定一切"，因此，可以肯定地说，人之所以能够成功，其最大的推动力之一就是：对工作负责，对顾客负责，对自己负责。从这里，也可以看出：责任观念是一切优秀事物的来源。做人是这样的，经营事业也同样如此。你恪守责任心，全面、谨慎地做好你的工作，你就会得到一切。

亚伯拉罕·林肯说过："人下决心想要愉快到什么程度，他大体上也就愉快到什么程度。你能够决定自己头脑中想些什么。你能控制着自己的思想。"

你想拥有幸福的人生吗？你想过上快乐的生活吗？也许很多人觉得这是很没趣的问题，这些是所有人都梦寐以求的，还用问吗。没错，人人都想过上美满富足的生活，但是请看看你现在对生命抱有的态度是什么样的。你是积极主动地创造生活，还是消极被动地混日子呢？在人生之路上，我们每个人都需要一种正确的态度来引导自己，监督自己，不停止前行的脚步，这样才有希望走到理想的彼岸。

第四章 乐观

积极心态能让你积极地生活

曾有许多人计划要攀登梅特隆山的北麓,一位记者对他们中的许多人都做了采访,只有一个人说出了"我要",那个人是一个年轻的美国人。这位记者问他:"你是不是要攀登梅特隆山的北麓呢?"这位美国人朝他看了一下,然后说:"我要攀登梅特隆山的北麓。"最后,只有一个人登上了北麓。

他就是那位说出"我要"的人。因为只有他"看见了目标完成。"在任何一个行业,不管我们在寻找一个较好的工作、较多的财产、永久与快乐的婚姻,或者是所有这类的事

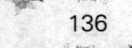

情，我们都必须在达到想要的目标之前，先看见目标完成。

当你的眼睛看着目标时，达成目标的机会就会变得无限地大。真的，不管你见到胜利或失败，这项原则都能适用。每天花几分钟遵守精确的步骤，这样你向往的那一天终会到来。那时候，你将不仅"看见的目标完成"，而且会"达到想要的目标"。

作为一个员工，如果你想获得加薪、在公司获得较大的机会、较好的职位、你梦想中的房屋等，安东尼·罗宾建议你仔细地读下面的故事。

在帆船时代，有一位船员第一次出海。他的船在北大西洋遭到了大风暴，这位船员受命去修整帆布。当他开始爬的时候，犯了一项错误，那是向下看。波浪的翻腾使船摇荡得十分可怕。眼看这位年轻人就要失去平衡。就在那一瞬间，下面一位年级较大的船员对他喊道："向上看，孩子，向上看。"这个年轻的船员果然因为向上看而恢复了平衡。

事情似乎不顺的时候，要先检查一下你的方向是否错误；形势看起来不利的时候，要尝试"向上看"，应用上面说过的原理，再加上我们下面的讨论的原理，你就会达到目标。

第四章 乐观

把目标适当地写在一张或多张卡片上。你要把它写得清清楚楚,以便于你阅读每一行中的每一个字。将这些卡片保存好,并随时把这些目标带在身边,每天都要复习这些目标。但别忘了:行动才是我们的目标。

当世界上最长的火车在静止不动时,往它的八个驱动轮前面放一块小小的木头,就能使它永远停在铁轨上。而同样的火车在以每小时一百里的时速前进时,却能穿透五英尺厚的钢筋混凝土墙壁。这就是你的写照。请现在就开始去取得行动的勇气,冲破介于你跟目标之间的种种阻碍与难关吧。

大多数目标的实现都需要你聚精会神地努力工作,有些目标的达成还要求你自身先发生某种改变,要求你掌握某些新的技能,要求你创造性地开展工作。在付出这些努力的时候,你或许会感到惊恐、感到是在冒险,或者感到过于艰难。然而,一旦你实现目标,无论这一目标是大是小,你的自信会更加充分,你的自尊会更加坚定,你的生活会更加丰富而充实。这件事听起来如此简单,也许事实就是这样。然而尽管如此,我们还是要向你强调,必须将你的目标变得具体越明确越好。

吕卡贝告诉她的朋友,"我的目标是减肥。"

她的朋友请她说得更具体一点儿，再多加一些描述性话语，使她的目标变得更精确、更明白。

　　她很高兴地说："好的。我打算减掉28磅的体重，并希望能保持这样的体型。可我现在又胖了起来，脂肪又堆在身上了。我好想找到一种方法，既不牺牲我对食物的爱好，又能改进我的饮食习惯，使我能长时期地保持良好的体型。我不愿意长久地对食物采取拒绝的态度，好像食物从此就变成了我的敌人似的。可我知道，这样做又是不妥当的。"

　　从吕贝卡的谈话里，我们知道她的具体目标是：减掉28磅的体重，保持良好的体型，养成科学的饮食习惯。

　　从上面的例子中我们可以看出，我们完全可以用很多种方式来表述目标。而事实上，对目标的认识是否明确具体，将对随后的计划产生明显的影响。在吕贝卡的例子中，她因为有了具体的目标，所以她必须对饮食采取不同于以往的态度。可是，由于对饮食的偏爱，她又难以禁口，由此她陷入了"减肥"的怪圈。节食有利于减肥，她吃又必然导致增肥。陷入矛盾中的吕贝卡毕竟对自己还是负责的，她看出这种尴尬状况对自己的不利，于是想寻找一种折中的方法。吕

第四章 乐观

贝卡的这种努力，有可能使她摆脱思维陷阱而最终实现自己的目标。可是，我们周围仍有许多人却无法走出这种困境。

你也许已经领会出上述"思维陷阱"的含义，它主要是指你对自己的目标还缺乏明确的认识和清晰的理解的时候，思维所处于混乱状态。你不可能借助外力或其他偶然的因素来理清混乱，一切得靠自己解决。你在任何时候都必须主动地掌握自己的命运，承担起自己应该承担起的责任。

要知道，成功从来都不是在偶然中获得的，而是通过自身清醒的努力换来的。所以，我们确定自己的目标、理清自己的思路就显得十分重要了。

从一开始，你就应该将具体而明确的目标不仅存于你有脑海，还要写在卡片上置放在你的案头。这样一种对目标的清晰认识，有助于你在计划阶段做出科学的规划。你还可以考虑将自己的计划告诉他人，这样可以迫使自己将每一个细节都思考清楚。你可以将更详细的计划写给自己看。

总之，请记住，具体的目标、积极的心态、持久的动力、充分的准备、可操作的方案，加在一起，才能保证我们实现目标。

第五章

攻破自卑的心理防线

第五章　攻破自卑的心理防线

与生俱来的自卑感

每个人都有自卑感，只是程度不同而已。我们每个人都很清楚，时代的发展和人类的进步要求人们，不断地对自身的条件和现处的地位进行改进，而且这个欲望是无止境的。但是，宇宙是博大而永恒的，人类由于受自卑感的约束，无法摆脱自然法则的束缚，超越宇宙。

人的自卑感是一种消极的自我评价或自我意识，即个人认为自己在某些方面不如他人而产生的消极情感。综合来说，自卑感就是个人将自己的能力、品质等评价偏低或过低的一种消极的自我认识。

凡具有自卑感的人，总是自惭形秽，认为自己事事不如人，从而丧失了前进的信心与勇气，悲观失望，不思进取，甚至一蹶不振，从此堕落。这种人的精神生活受到严重束缚，聪明才智及创造力也会因此受到影响而无法正常发挥作用。也就是说，自卑是束缚人的创造力的一条绳索，是可恶的祸水，让人无法活出真正的自己。

　　"成功者"与"普通者"的性格区别在于，成功者充满自信、洋溢着活力；而普通人即使腰缠万贯、富甲一方，内心也总是灰暗而脆弱。但是，他们也有一个共同点，那就是人类与生俱来的自卑感。

　　1951年，英国有一位叫史弗兰克林的人，从自己拍得极好的DNA（脱氧核糖核酸）的X射线衍射照片上发现了DNA的螺旋结构，他本来打算就这一发现做一次演讲。然而，由于生性自卑，又怀疑自己的假说是错误的，从而放弃了这次将自己的发现公布于世的机会。

　　1953年，在弗兰克林之后，科学家沃森和克里克也从照片上发现了DNA的分子结构，不同于弗兰克林的是，他们勇敢地提出了DNA双螺旋结构的假说，从而标志着生物时代

第五章　攻破自卑的心理防线

的到来，两人因此而获得了1962年度诺贝尔医学奖。可想而知，如果弗兰克林不是自卑，坚信自己的假说，进一步进行深入研究，这个伟大的发现肯定会以他的名字载入史册。

由此可见，一个人如果做了自卑情绪的俘虏，是很难有所作为的。

有一位年轻的汽车销售经理，他的前途本来是一片阳光普照，一片光明的，但是由于他的情绪一直处于低谷，非常低落，他不知道自己的将来会是什么样子，因此充满了自卑感，他甚至认为自己要死了！他已经开始着手为自己选购墓地，并为他的葬礼做好了一切准备。事实上，他只是经常感到呼吸急促，心跳加快，喉咙梗塞。他的家庭医生是一位很成功的内科和外科医生，他劝他休息，泰然自若地处理生活，退出他所热爱的销售汽车的事业。

虽然这位销售经理听从了医生的建议，在家里休息了一段时间，但是由于他始终处于一种害怕的状态，他的心里仍不得安宁。他的呼吸变得更加急促，心跳得更快、喉咙仍然梗塞。这时，他的医生建议他到科罗拉多州去度假。在科罗拉多州，有使人健康的气候，壮丽的高山，但是这美好的一

切仍然不能阻止这位销售经理从始至终的恐惧感。

一周后,他回到家里,他觉得死神即将降临。

根据拿破仑·希尔的提议:"打消你的猜疑!如果你到一个诊所去,如明尼达州罗契斯特市的梅欧兄弟诊所,你可以彻底弄清病因,而不会失去什么。立即行动!"于是,这位销售经理的一位亲戚开车送他到罗契斯特市。实际上,他很害怕自己会死于途中。

梅欧兄弟诊所的医生为他做了全面检查,医生告诉他:"你的病因只是吸进了过多的氧气。"

他笑起来说:"是这样吗?……那我该怎么办呢?"

医生说:"当你感觉到呼吸困难,心跳加快的时候,你可以向一个纸袋子里呼气,或者暂且屏住呼吸。"

医生递给他一个纸袋子,他就按照医生的叮嘱做了,结果,他心跳和呼吸真的就变得正常了,而且喉咙也不再梗塞了。当他从诊所离开的时候,已经变成了一个愉快的人!

此后,每当他的疾病症状发生时,他总是屏住呼吸一会儿,使身体正常发挥功能。几个月以后,他不再害怕,病症

第五章　攻破自卑的心理防线

也随之消失。

这件事发生很多年了，从那时候起他再也没有找任何医生给自己看过病，因为他已经成了一个普通的正常人。

这个销售经理是幸运的，因为并不是所有的治疗都是这么容易奏效的。有时，可能必须使用你所有的智慧，然后才能找到效果最好的疗法。然而，聪明的办法是坚持用积极的心态继续探索。这样的决心和乐观精神通常总是要会出代价的。

有一个孤独的销售经理，来到了一个小城市，他找了一个旅社，在里面登了记住了下来，当他走进旅社给他安排的房间时，他摔了一跤，这一跤摔断了一条腿。

这个旅行社的经理第一时间把他送到附近的一家医院。在那里，一位主治医生为他接好了断腿。

几天以后，人们认为他已经不要紧了，可以走动了，于是他就回到自己的家里。在家庭医生的照顾下，他似乎恢复了健康，但他的腿却并没有痊愈。后来，医生告诉他，他的断腿将会日趋恶化，他会成为一个跛子。

此时，这个消息如同一个晴天霹雳，这位销售经理感到非常气恼，因为如果没有了腿，就意味着要告别他的工作。

这时拿破仑·希尔又对他说:"不要相信这些话!总会有办法的,去找到它,不要猜疑,立即行动!"然后把前一个销售经理的故事告诉了他,并同样建议他到梅欧兄弟诊所去。

他离开诊所时,变成了一个十分愉快的人。医生告诉他:"你的身体需要钙,我们可以给你补钙,但是钙会损失掉。你要每天多喝牛奶。"

他同样也按照医生的建议做了。没过多久,这位销售经理那条受伤的腿就变得同健康的腿一样强健了,他又可以做自己喜欢的销售工作了。

总之,你要记住:要机智,要有强烈生存愿望去拯救生命和财产,绝不自卑。

第五章　攻破自卑的心理防线

化自卑为动力

前文我们已经说过，自卑感是与生俱来的，是无条件产生的，不过，对于具体的个人，自卑的形成则是有条件的。也就是说，自卑感也是在一定因素的促使下产生的。

首先，从环境角度看。

个体对自己的认识往往与外部环境对他的态度和评价紧密相关。这点早已成为心理学理论所证实。例如，某人的音乐很不错，但如果所有他能接触到的音乐家和音乐老师，都一致对他的作品给予否定性的评价，那就极有可能导致他对自己的音乐能力的怀疑，从而产生自卑感，以至于以后都不

敢触碰音乐。

著名的奥地利心理学家阿德勒自己就有过这样的体会：他念书时有好几年数学成绩不好，教师和同学的消极反馈，强化了他数学能力低的印象。直到有一天，他出乎意料地发现自己会做一道难倒老师的题目，才成功地改变了对自己数学低能的认识。

可见，环境对人的自卑产生有不可忽视的影响。某些低能甚至有生理、心理缺陷的人，在积极鼓励、扶持宽容气氛中，也能建立起自信，发挥出最大的潜能。

其次，从个体角度看。

自卑的形成虽与环境因素有关，但其最终形成还受到个体的生理状况、能力、性格、价值取向、思维方式及生活经历等个人，尤其是童年经历的影响。

在这个世界上，大凡优秀人物、强者都与自卑毫无关系，但问题是，还没有一个人会在生理、心理、知识、能力乃至生活的各个方面都是优秀者、强者。从这个角度来看，我们就会自然而然地发现，天下没有不自卑的人，只是人们自卑的表现形式与程度不同罢了。

史泰龙是国际巨星，但是很少有人知道，他的父亲是一

第五章　攻破自卑的心理防线

个赌徒，母亲是一个酒鬼。父亲赌输了，就打老婆和他；母亲喝醉了也拿他出气发泄。他就是在这样一个拳脚交加的暴力家庭中长大，常常是鼻青脸肿，皮开肉绽。因此，他学习成绩差，长相也不好。最终，他在高中的时候选择了辍学，开始在街头当混混。

直到他20岁的时候，一件偶然的事刺激了他，他如梦初醒，开始反思："不能，我不能这样做。如果这样下去，和自己的父母岂不是一样吗？不行，我一定要成功！"

从此时开始，史泰龙下定决心，要走一条与父母迥然不同的路，活出个人样来。

但是，一个难题摆在了面前：做什么呢？他长时间思索着。从政的可能性几乎为零；进大企业去发展，自己的学历和文凭是目前不可逾越的高山；经商又没有本钱，那么还能做什么呢？

他想到了当演员——当演员不需要过去的清名，不需要文凭，更不需要本钱，而一旦成功，却可以名利双收。但是他显然不具备演员的条件，长相就很难使人有信心，又没有

接受过任何专业训练，没有经验，也无"天赋"的迹象。

然而，在他的内心深处，"一定要成功"的驱动力促使他相信这是他今生今世唯一出头的机会，最后的成功可能。他不断告诉自己："决不放弃，一定要成功！"

于是，史泰龙来到好莱坞，找明星，找导演，找制片……找一切可能使他成为演员的人，四处哀求："给我一次机会吧，我要当演员，我一定能成功！"

他一次又一次被拒绝了。

但他并不气馁，每被拒绝一次，就认真反省、检讨、学习一次。一定要成功，痴心不改，又去找人……

很不幸，一晃两年过去了，他所有的钱都花光了，便在好莱坞打工，做些粗重的零活儿。两年来他遭受到1000多次拒绝。有时候，史泰龙暗自垂泪，痛哭失声。他看着天空慨叹道："难道真的没有希望了吗，难道赌徒、酒鬼的儿子就只能做赌徒、酒鬼吗？不行，我一定要成功！"

既然不能直接成功，能否换一个方法？他想出了一个"迂回前进"的思路：先写剧本，待剧本被导演看中后，再

第五章 攻破自卑的心理防线

要求当演员。

因为这时的他已经不是刚来时的门外汉了。两年多的耳濡目染，再加上每一次拒绝对他来说都是一次学习机会，一次学习，一次进步。因此，他已经具备了写电影剧本的基础知识。

一年后，剧本写出来了，史泰龙遍访各位导演："这个剧本怎么样，让我当男主角？"普遍的反映都是剧本还可以，但让他当男主角，简直是天大的玩笑。他再一次被拒绝了。无论面对什么样的拒绝，他依旧不断地对自己说："我一定要成功，也许下一次就行，再下一次，再下一次……"

在不断遭遇拒绝但是依旧没有放弃的的一天，一个曾拒绝过他20多次的导演最终被他的精神所感动，答应给他一次机会。为了这一刻，史泰龙已经做了三年多的准备，终于可以一试身手。机会来之不易，他不敢有丝毫懈怠，全身心投入。

最终，出现了一个令所有人都感到吃惊的结果，他的第一集电视剧创下了当时全美最高收视纪录——他成功了！

史泰龙的成功说明，坚定的信心和不屈不挠的奋斗精神是成功的必要条件。正是自信促使他勇于面对一次次拒绝，

正是自信，促使他改变方式，走向成功！

　　虽然正确认识自我的结果很可能是不完美有众多缺陷的"自我"，但是，面对自我的本来面目，能否勇敢地接受现实、接受自我，是一个人心理是否健康、成熟，能否超越自我、突破自我的关键因素。我们只有做到这一点，才能活出自我的本来色彩。

　　我们常常可以发现这样一种人，由于他对自身的某方面不满意，他拒绝认识自己，不承认或不接受自己的真正面目，而要装扮出另外一个形象来。比如有人不愿意承认自己穷困而恣意挥霍，装成很富有的样子；有人不愿意承认自己能力的限度，盲目地去从事力所不及的工作；有人出身贫贱，却极力要挤入权贵的行列。这些人把真正的自我藏掩在伪装之中，希望在别人眼中建立另外一个形象，他们缺乏接受自我的勇气，不能悦纳自己。不能悦纳自己的人，或者离群索居不和别人交往，或者自责自弃不思进取，或者对别人采取不友好的敌对态度。

　　具有健康心理的人是敢于正视自己的特点，接受自我的。他们接受自己，爱惜自己，他们并不对自己的本性感到厌烦与羞愧，他们对自己并不加以掩饰，他们不无骄傲地接

第五章　攻破自卑的心理防线

受自己,也接受别人,因为他们知道,自己与他人都是各有长短的极自然的人。他们从不抱怨,既能在人生旅途中拼搏,积极生活,也能在大自然中轻松地享受。

严重的自卑感扼杀一个人的聪明才智,还可以形成恶性循环:由于自卑感严重,不敢干或者干起来缩手缩脚、没有魄力,这样就显得无所作为或作为不大;旁人会因此说你无能,旁人的议论又会加重你的自卑感。因此必须一开始就打断它,丢掉自卑感,大胆干起来。只有勇敢地接受自我,才能突破自我,走上自我发展之路。

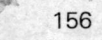

自卑是成功的绊脚石

对于自卑感,拿破仑·希尔讲述了三个孩子初次到动物园的故事:

"当他们(三个孩子)站在狮子笼前面时,一个孩子躲到母亲的背后全身发抖地说道:'我要回家。'第二个孩子站在原地,脸色苍白地用颤抖的声音说道:'我一点也不怕。'第三个孩子目不转睛地盯着狮子问他妈妈:'我能不能向它吐口水?'事实上,这三个孩子都已经认识到自己所处的环境,但是每个人都依照自己的生活方式,用自己的方法表现出他们各自的感觉。"

第五章　攻破自卑的心理防线

自卑感展现在哪一方面，表现为何种程度，是因人而异的，无论人们是否意识到，实际上都存在自卑。

费洛伊德认为，人的童年经历虽然会随着时光流逝而逐渐淡忘，甚至在意识层中消失，但仍将顽固地保存于潜意识中，对人的一生产生持久的影响力。所以，童年经历不幸的人更易于产生自卑。我们有过这样的体验：孩提时，总觉得父母比我们大，而自己是最小的，要依靠父母，依赖父母；另一方面，父母也会强化这种感觉，令我们不知不觉地产生了"我们是弱小的"这种感觉，从而产生了自卑。

自卑是成功的绊脚石，人如果自卑就不会有奋斗的勇气和拼搏的斗志。拿破仑·希尔认为一般情况下，人们自卑感的表现形式和行为模式大致有如下几种：

1. 否认现实型

这种行为模式是自己不想看到，也不愿意思考自卑情绪产生的根源，而采取的行为来摆脱自卑。如借酒消愁，以求得精神的暂时解脱等方法。

2. 随波逐流型

由于自卑而丧失信心，因此竭尽全国使自己和他人保持一致，唯恐有与众不同之处，害怕表明自己的观点，放弃自

己的见解和念头，努力寻求他人的认可，始终表现出一种随大流的状态。

3. 孤僻怯懦型

由于深感自己处处不如别人，"谨小慎微"成了这类人的座右铭。他们像蜗牛一样潜藏在"贝壳"里，不参与任何竞争，不肯冒半点风险。即使遭到侵犯也听之任之，逆来顺受、随遇而安，或在绝望中过着离群索居的生活。

4. 咄咄逼人型

当一个人的自卑感阳强烈的进修，采用屈从怯懦的方式不能减轻其自卑之苦，则转为好争好斗方式：脾气暴躁，动辄发怒，即使为一件微不足道的小事，也会寻求各种借口挑衅闹事。

5. 滑稽幽默型

扮演滑稽幽默的角色，用笑声来掩饰自己内心的自卑，这也是常见的一种自卑的表现形式。美国著名的喜剧演员费丽丝·蒂勒相貌丑陋，她为此而羞怯、自卑，于是运用笑声，尤其是开怀大笑，以掩饰内心的自卑。

上述各种自卑心理的表现形式，都是对自卑的消极适应方法，也称自卑的消极"自我防卫"。

第五章　攻破自卑的心理防线

心理学家实验证实，消极的自我防卫会使精力大量消耗在逃避困难和挫折的威胁上，因而往往难以用于"创造性的适应"，使自己有所作为。这是自卑的消极方面。

自我们出生到死亡，我们的心灵与肉体，便一直相互矛盾、相互统一。

每个人都有自己的生活环境，因此，人与人之间在心灵上有着巨大的差异。有缺陷的人，在心灵的发展上会遇到很多障碍，这个障碍要多余其他人。这样的人的心灵也较难影响、指使和命令他们的肉体趋向优越的地位。他们需要花费更多的精力，才能获得相同的目标。由于他们心灵负荷重，会变得以自我为中心，只顾自己。结果，这些人的社会感觉和合作能力就比其他人差。

人类的弱点让人举步维艰，但这绝非意味着自卑的人无法摆脱厄运，无法拯救自我。如果心灵主动运用其能力克服困难，可能会和正常人一样获得成功。事实也证明，有弱点的人，虽然遭受许多困扰，却常常要比那些身体正常的人有更多的成就。身体阻碍往往能促使一些人前进。当然，只有那些决心要对群体有所贡献而兴趣又不集中于自己身上的人，才能成功地学会补偿。

在这个世界上，没有人愿意长期忍受自卑感，一定会使人采取某种行为，解除自己的紧张状态。但是，如果一个人已经认为自己的努力不可能改变所处的环境，变得消极气馁，但是又仍然无法忍受他的自卑感，那他依旧会设法摆脱它们，但是结果可能是他无法取得任何进步，但是他会为此采取行动。他的目标虽然还是"凌驾于困难之上"，可他却不再克服障碍，而是用一种来自我陶醉，麻木自己的优越感。

无论是伟人还是平常人，都会在某一方面表现出优势，再在另一些方面表现出劣势，也会或多或少地遭受挫折，或得到外界环境的消极反馈。但是值得注意的是，并非所有劣势和挫折都会给人带来沉重的心理压力，导致自卑。成功者能克服自卑，超越自卑，其重要原因是他们能运用调控方法提高心理承受力，使之在心理上阻断消极因互的交互作用。

有一条路，人人都可以走——从自卑到自信，从失败到成功之路。只要你相信自己并愿意改变自己，那么，就能走上一条成功大道。所以，多给自己一点信心，有自信的人才能成功。

第五章 攻破自卑的心理防线

走出自卑的情结

　　一个人自卑或是自信，对他的成败会有十分重要的影响。不要怀疑这种说法，下面这个故事就可以向你证明这一点：

　　尼克松是我们极为熟悉的美国总统，大家都知道他是因水门事件而被弹劾下台，却不知道导致他失败的更深层的原因是缺乏自信。没错，尼克松就是因为不自信，轻视自己才毁了自己的远大前程。

　　1972年，尼克松竞选连任总统。由于他在第一任期内政绩斐然，所以大多数政治评论家都预测尼克松将以绝对优势

获得胜利。

然而,尼克松本人却很不自信,他走不出过去几次失败的心理阴影,极度担心再次出现失败。在这种潜意识的驱使下,他鬼使神差地干出了后悔终生的蠢事。他指派手下潜入竞选对手总部的水门饭店,在对手的办公室里安装了窃听器。事发之后,他又连连阻止调查,推卸责任,在选举胜利后不久便被迫辞职,本来稳操胜券的尼克松,因缺乏自信而导致惨败。

由此,我们看到了自卑与自信对一个人的影响,因此,我们必须学会战胜自卑感,充满信心地面对你的生活。

自卑感有使人前进的反弹力。由于自卑,人们会清楚甚至过分意识到自己的不足,这就促使你努力纠正或者以别的成就来弥补这些不足。这些经历将使人的性格受到磨炼,而坚强的性格正是获取成功的心理基础。

纵使我们都知道这些道理,但是很多时候,很多人在自卑面前还是显得束手无策。其实,造成自卑感的情境不变,问题就会依然存在,自卑感会越积越多,行动会逐渐将他自己导入自欺之中,这便是"自卑情结",即当个体面对一个

第五章　攻破自卑的心理防线

他无法适当应付的问题时，当他表示他绝对无法解决这个问题时，此时出现的便是"自卑情结"。如果别人告诉他正在蒙受自卑情结之害，而不是让他知道如何克服，他只会加深自卑感。应该是找出他在生活中表现出的气馁之处，在他缺少勇气处鼓励他。

由于自卑感造成紧张，所以争取优越的补偿作用必然会同时出现。补偿作用的目的不在于解决问题，争取优越的补偿作用总是希望现实生活有所改变，真正的问题却被遮掩，是在避免失败而不是在追求成功，在困难面前表现出犹疑、彷徨，甚至是退却的举动。也就会说，自卑是很可怕的。所以，一个人的真正价值，首先取决于能否从自我的陷阱中超越出来，而真正能够解救你的这个人就是你自己。

其实，自卑感是人类地位之所以增进的原因。自卑感肇始于人的懦弱和无能，由于每个人都曾是人类中最弱小的，加之缺少合作，只有完全听凭其环境的宰割，所以，假使未曾学会合作，他必然会走向悲观之途，导致自卑情绪。

对最会合作的人而言，生活也会不断向他提出尚待解决的问题，没有谁会发现自己所处的地位已接受完全控制其环境的最终目标，谁也不会满足于自己的成就而止步不前。

每个人都有自己的优越感目标,它是属于个人独有的,取决于他赋予生活的意义。这种意义不只是口头上说说而已,而是建立在他的生活风格之中。优越感的目标如同生活的意义一样是在摸索中定下来的。

对于一个健康的人来说,当他的努力受阻于某一特定的方向时,他会另外寻找新的门路。因此,对优越的追求是极具弹性的。有关学者指出,特别强烈的对优越的追求使人变得极其自尊,这些人毫不掩饰地表现出他的优越追求,"他们会断言'我是拿破仑','我是中国的皇帝',希望自己成为世界注意的中心。"也就是说,优越感的目标一旦被个体化以后,个体就会节减或限制其潜能,以适应他的目标,争取优越感的最佳理想。

事实上,若要帮助这些用错误方法追求优越的人,首先是让他们知道,人对于行为、理想、目标和性等各种要求,都应以合作为基础,要面对真正的生活,重新肯定自己的力量。

世界上有许多成功名人,在童年时代,或者是在学校中,几乎都曾是屈居人后的孩子,后来恢复了勇气和信心,取得了伟大的成就。这些事实充分说明,能够妨碍事业成功的,不是遗传,而是对失败的畏惧,是自我的气馁和自卑情绪。

第五章　攻破自卑的心理防线

因而,如果你想成功,你想出人头地,你想改变现在的生活,那么你就要搬开自卑这块绊脚石,全力以赴向着自己的目标奋勇前行。

战胜自卑

一位心理学家曾经说过:"天下无人不自卑。无论圣人贤人,富豪王者,抑或贫农寒士,贩夫走卒,在孩提时代的潜意识里,都是充满自卑感的。"自卑感是无形的敌人,它所造成的危害及丧失信心、自我意识过强、不安、恐惧等种种并发症,都会为你事业带来不必要的困扰,甚至会阻碍你的成长。但你若想成就大事,就必须战胜自卑感。

一般情况下,成功者所运用的战胜自卑的调控方法有以下几种:

1. 补偿法

通过努力奋斗,以某一方面的突出成就来补偿生理上的

缺陷或心理上的自卑感受。

2. 领悟法

也叫心理分析法，一般要由心理医生帮助实施。其具体方法是通过自由联想和对早期经历的回忆，分析找出导致自卑心态的根本原因，使自卑症结经过心理分析返回意识层，让求助者领悟到：有自卑感并不意味着自己的实际情况很糟，而是潜藏于意识深处的症结使然，让过去有阴影来影响今天的心理状态，是没有道理的。从而使人有"顿悟"之感，从自卑的情绪中摆脱出来。

3. 转移法

将注意力转移到自己感兴趣也最有能力做的事情上，可通过致力于书法、绘画、写作、制作、收藏活动，从而淡化和缩小弱项在心理上的自卑阴影，缓解心理的压力和紧张。

4. 认知法

就是通过全面、辩证的观点看待自身情况和外部评价，认识到人不是神，既不可能十全十美，也不会全知全能。人的价值追求，主要体现在通过自身智力，努力达到力所能及的目标，而不是片面地追求完美无缺。对自己的弱项或挫折，持理智的态度，既不自欺欺人，也不将之视为天塌地陷

的事情，而是以积极的方式应对现实，这样便会有效地消除自卑。

5. 作业法

如果自卑感已经产生，自信心正在丧失，可采用作业法。先寻找几件比较容易完成的事情去做，成功后便会收获一份喜悦，然后再找到另一个目标。在一个时期内尽量避免承受失败的挫折，以后随着自信心的提高逐步再向较难、意义较大的目标努力，通过不断取得成功，使自信心得以恢复和巩固。

一个人自信心的丧失，往往是在持续失败的挫折下产生的，自信心的恢复和自卑感的消除也得以一连串小小的成功开始，每一次成功都是对自信心的强化。自信恢复一分，自卑的消极感就将减少一分。

其实，自卑是自找的！

有个女孩儿为了戴耳环去打耳孔，却有点打偏了，她为此而烦恼，非常自卑，于是便去找心理医生咨询。医生问她眼儿有多大，别人能看出来吗？她说她梳着长发，把耳朵盖上了，眼儿也只是个小眼儿，能穿过耳环，不过不在戴耳环的位置上。

第五章　攻破自卑的心理防线

医生又问她:"有什么要紧吗?"

"哦,我比别人少了块肉呀,我为此特别苦恼和自卑!"

现实生活中像她这样的人实在是太多了,这种人诉说他们因为某种缺陷或短处而特别自卑。把这些缺陷或短处集中起来,几乎无所不包:什么胖啦、矮啦、皮肤黑啦、汗毛重啦,嘴巴大、眼睛小、头发黄、胳膊细啦,脸上长了青春痘、说话有口音、不会吃西餐、家里没有钱啦,统统都是自卑的理由,而因为"耳朵上的一个小眼儿"而自卑是走极端了。

在现实生活中,我们其实都被包围在自卑的阴影下,自己瞧自己不顺眼,自己总觉得自己矮人一头。当然这"不顺眼""矮一头"都是以别人为参照物的:"我皮肤黑",黑是和皮肤白的人相比的;"我个子矮",矮是相对于高而言的;"我眼睛小",世界上有许多大眼睛的人,才衬托出了"小"。这些和别人不一样的地方!实实在在摆在那里,让你藏不了、躲不了、否定不了,于是你有了自卑的理由。你对自己又恨又怜,于是耗费大量的心理能量和时间精力,企图去改变那些和别人不一样的地方,但却常常成效甚微。

有自卑感就是意识到自身存在着的弱点,并且心理上也惧怕这种弱点,然后又沉浸在这些弱点中而无法自拔,最后

只好寻找另外的方面来被偿自己的这种痛苦感，最终这种强烈的自卑感，反而促使人们在其他方面超常的发展，这就是心理上的"代偿作用"，即是通过补偿的方式扬长避短，把自卑感转化为自强不息的推动力量。

比如，耳聋的贝多芬，成为了划时代的"乐圣"；少年坎坷的霍东，没有实现慈爱的母亲的期望——成为一代学者，但不是读书材料的他，后来却在商界大展宏图。许多人都是在这种补偿的奋斗中成为出众的人的。所以说，在通往成功的道路上，我们完全不必为"自卑"而彷徨，只要把握好自己，我们就有可能取得成功。

自卑的人本身其实并不是他所认为的那么糟糕，而是自己没有面对艰难生活的勇气，不能与强大的外力相抗衡，致使自己在痛苦的陷阱中挣扎。所有在生活中说自己为某事而自卑的人们，都认为自卑不是好东西；他们渴望着把"自卑"像一棵腐烂的枯草一样从内心深处拔出来，扔得远远的，从此挺胸抬头，脸上闪烁着自信的微笑。

新东方教育集团的创始人俞敏洪，是曾经深感自卑的一个人，他三次考北大三次落榜，几次出国都被拒签，连爱情都与他无缘，从他的回忆中可以感觉到他曾经是极度自卑

第五章　攻破自卑的心理防线

的。所以他发出了呐喊："在绝望中寻找希望，人生终将辉煌。"但是他的自卑成就了新东方，成就了如今统领整个英语培训行业的领军人物。

当我们把目光从自卑的人身上转到那些自信的人身上时，便会有新的发现：上帝并不是对他们宠爱有加，让他们全都完美无瑕。拿破仑的矮小、林肯的丑陋、罗斯福的瘫痪、丘吉尔的臃肿，等等，哪一条不令人痛不欲生？身材不好、皮肤黝黑、相貌不佳等等与他们的遭遇相比是多么微不足道！可他们却拥有辉煌无比的一生！

也许你会说，天底下能做到那样的都是伟人，他们就是比我们普通人要强很多。那么我们就看一下周围的同事、朋友，你可以毫不费力地就在他们身上找出种种缺陷，可你看他们照样活得坦然自在。

因为自信，我们可以无限坚强，因为自信，我们忘却自己是怎样一个现状，因为自信，我们可以忽略缺陷，活出一个完美的自我，让生命熠熠生辉。

自卑只能封锁自己

如果我们的生命中只剩下一个柠檬了。

自卑的人说:"我完了,我连一点儿机会都没有了。"然后,他就开始诅咒这个世界,让自己沉浸在可怜之中。

自信的人说:"从这个不幸的事件中,我可以学到什么呢?我怎么样才能改善我的情况,怎么样才能把这个柠檬做成柠檬水,让我可以获得更多的水呢?"

面对同样的事物,自卑的人总是无心无力做一件有挑战性的事情,他们常用的借口是:"我没有那个能力!"这种人始终无法摆脱自卑的"纠缠",也根本无法实现自己的目

第五章　攻破自卑的心理防线

标。而欲成就一番事业，首先要做的一项工作就是拒绝与自卑纠缠。

要克服自卑，就要记住这条规则：完全坦诚。因为没有人要做伪君子，也从来没有人愿意收假钞票。要使他人喜欢自己，首先你要喜欢他人。这种喜欢必须是真诚的、发自内心的，绝不能另有所图。但是，并不是每个人都能做到这一点，做到这一点的人都深知其中的艰难。

总有一些人感到喜欢别人比较难，但是只要我们学着真诚地喜爱别人，对别人产生好感，一切就会越来越容易。嘴上去说"我喜欢别人"是没用的，因为说起来容易做起来难。"喜欢别人"是一种生活方式，也是一种行之有索的思想模式。能够做到无条件地喜欢别人，便是一种积极的心态。

所以，在日常生活中，我们应摒弃消极心态，而是以一种积极的心态对待别人。

有许多人不知道如何倾听别人的谈话。倾听的艺术是受人喜欢的秘诀之一，当别人有事来找我们时，我们常常说的太多。我们总是提出太多的建议，其实大多数时候我们最需要的是沉默、耐心、宽容和爱护。受尊敬和受人欢迎的人拥有种特质，他们懂得如何使别人接受自己。谁做到这一点，

谁就能获得别人的喜爱。所以，过分以自己为中心的人往往不快乐。

有一位身高1.68米的著名演说家。虽然他和一般男士比身材稍微矮了一点儿，但是周围的人并不以为然，因为身材矮小的人有很多，可是他却不放过自己，非常在意这一点。

由于他整天觉得自己比别人矮，外在形象不好看，所以，他从不与别人一起照相，也不参与社会活动。他变得愈来愈孤僻、封闭，与身边的人很少往来。

一次，他在一本书里读到了一个艺术家的故事。这是一个性格刚毅的艺术家，他常给那些有心理障碍或面临困难的人出主意。他认为要坚信这一原则：想像自己是伟人，祈祷自己是伟人，相信自己是伟人，做事像伟人，那你便会成为一个伟人。

演说家被这个故事深深感动了，他开始用一种正确的心态接受自己，现在他不再过分在意自己的身高。

后来他说："一个人不要太在意自己的身高，身材高矮并不重要，一个人是否有智慧和勇气，那才是最重要的。"

以前，别人都高于他，看他时需低着头，但现在，即使

第五章　攻破自卑的心理防线

是身材高大的人，也不得不从内心里尊敬他。他的成功秘诀是学会了接受自己，也接受了自己的身高，并在这一过程中发现自己是一个真正的男人，是一个真正成功的人。

自卑是普遍存在的一种消极情绪，而自卑情绪是在与人相比较下产生的。当一个人刻意地与人比较时，如果学历、能力、身高、发育、长相、性格、意志、财富等不如别人，就会滋生自卑感。但是，我们都知道，自卑是取得成功的最大障碍，切勿让自卑封锁自己的内心，被成功拒之于门外。所以，我们必须消除自卑，不要让自卑封闭了自己，看不到真实的自己，永远也无法实现自我的价值。

战胜自卑的方法有很多，下面为大家介绍以下几种最有效的方法：

1. 增强自信

自信是消除自卑的最好方法，因为自信能使自己不断地发现自己各方面的优点，从而满怀信心地去拼搏，使自己获得更多的成功。

2. 正视自卑

有自卑感的人往往不敢正视自己的自卑，从而也就没有战胜自卑的意识。西方有句谚语"用剑之奥秘，在于眼"。

意思是正视它，才能运用自如。

3. 置身于大众中

自卑者肯定都会有孤独的感觉，如果主动地参加一些群众活动，可以开阔视野，对逐步克服自卑情绪是有好处的。

4. 善于补偿

每个人都各有自己的优点和弱势，要全面正确地评价自己。自卑情绪在某些时候可以转化为巨大的动力。

阿特勒自幼驼背、行动不便，处处比不上哥哥，从小就有严重的自卑感。五岁时患了一场几乎丧命的重病，从此以后，他决心学医，他的生活目标是克服死亡的恐惧，后来终于成为著名的心理学家。

在通向成功的人生道路上，自卑虽然是一个严重的心理缺陷，但如果能战胜这个心理缺陷，肯定会开创出一片更精彩的天地。从这种意义上来说，自卑也是一种动力。

在称岛铁路的停车场上，有一个47岁的大力士能够推动一个72吨重的钢车，他的名字叫安古罗·西昔连诺。西昔连诺在纽约市布洛克林的贫民窟中长大，父母是从意大利来的移民。在他16岁时，是个体重97磅的小矮子，面色苍白，胆

第五章 攻破自卑的心理防线

小如鼠，常常受人欺负。

一天，他和几个孩子一同到博物馆去参观，突然被两尊塑像吸引住了，导游告诉他这是以年轻的希腊运动健儿为模特儿雕塑的。当天晚上，他开始锻炼身体，下决心要像希腊运动健儿一样健美。人们都嘲笑他不自量力，但他从来不被人们的言论所左右，而是持之以恒，从不中断。有一次，一个孩子向他发起进攻，很容易地把他推倒了。可是西昔连诺并不气馁，还是坚持苦练。

后来，他自己发明了一套健身术，使他身上的一块肌肉和另一块肌肉对抗。果然不错，他浑身的肌肉逐渐发达，成为全球肌肉最健美的人。人们不再嘲笑他，而是把他称为大力士，有很多著名的雕像家也来请他当模特儿。

所以，一个人有缺点是很正常的，但一定要意识到自己的缺点，不能因缺点而产生自卑感，而应该设法补偿自己的缺陷，从而获得成就。

这正如中国著名文学翻译家傅雷先生在罗曼·罗兰《贝多芬传》的译者序中写的一样："唯有真实的苦难，才能驱除罗曼蒂克幻想的苦难；唯有看到克服苦难的壮烈的悲剧，

才能够帮助我们承担残酷的命运；不经过战斗的舍弃是虚伪的，不经劫难磨炼的超脱是轻佻的，逃避现实的明哲是卑怯的；中庸，苟且，小智小慧，是我们的致使伤。"

第六章

坦然面对失败

第六章　坦然面对失败

面对挫折勇敢地跨过去

人的一生，是一个充满各种故事的过程，过程的精彩与否，取决于你的经历如何。要想精彩，就不会尽是鲜花掌声和喝彩，必然会出现一些惊险刺激和磨难。

其实，无论你是否想要活得精彩，你都必须面临一些挫折和打击。无论是在工作还是生活中，人人都会遇到一些阻碍或者坎坷，有些是看到的，有些是看不到的。面对失败，需要的是沉着冷静，理性地对待；以失败为镜子，找出失败的原因，跨过去，便是成功。

一只虫子在墙壁上艰难地往上爬，爬到一大半，忽然跌

落了下来。这已经是它第二次失败了。

然而，过了一会儿，它又沿着墙根，一步一步地往上爬了。

第一个人注视着这只虫子，感叹地说："一只小小的虫子，竟然这样的执着、顽强；失败了，不屈服；跌倒了，从头再来；真是百折不回啊！我遭到了一点挫折，我能气馁、退缩、自暴自弃吗？难道我还不如这一只小虫子？"他觉得自己应该振奋起来。他也果断振奋起来了。

这只虫子再一次从墙壁上跌落下来……

第二个人禁不住叹气说："可怜的虫子！这样盲目地爬行，什么时候才能爬到墙顶呢？只要稍微改变一下方位，它就能很容易地爬上去；可是，它就是不愿反省，不肯看一看。唉，可怜的虫子！

看完了虫子，我还是看看自己吧。我正在做的那件事一再失利，我该学得聪明一点，不能再闷着头蛮干一气了——我是个有思维头脑的人，可不是虫子。我该感谢你，可怜的虫子，你启迪了我，启迪了我的理智，叫我学得聪明一

第六章　坦然面对失败

些……"

果然，他变得理智而聪明了。

第三个人询问智者："观察同一只虫子，两个人的见解和判断截然相反，得到的启示迥然不同。可敬的智者，请您说说，他们哪一个对呢？"

智者回答："两个人都对。"

问者感到困惑，于是又问："怎么会都对呢？对虫子的行为，一个是褒扬，一个同贬抑，对立是如此鲜明。然而您却一视同仁，您是好好先生吗？你是不愿还是不敢分辨是非呢？"

智者笑了笑回答道："太阳在白天放射光明，月亮在夜晚投洒清辉，它们是'相反'的；你能不能告诉我：太阳和月亮，究竟谁是谁非？假如你拿着一把刀，把西瓜切成两半左右两边是'对立'的。你能不能告诉我：'是'和'非'分别在左右的哪一边？世界并不是简单的'是非'组合体。同样观察虫子，两个人所处的角度不同，他们的感觉和判断就不可能一致，他们获得的启示也就有差异。你只看到两个

人之间的'异'，却没有看到他们之间'同'：他们同样有反省和进取的精神。形式的差异，往往蕴含着精神实质的一致。表面的相似，倒可能掩蔽着内在的不可调和的对立。好，现在让我来问一问你：你的认识，和我的认识，究竟谁是谁非？"询问者羞愧地笑起来。

在这个故事里，我们学到了一个看似很简单但是却很珍贵的道理——当我们遇到困难的时候，一定要找准问题的关键所在，正确认识错误，只有这样才能走向成功。

"当你把所有的错误都关在门外，真理也就被拒绝了。"这是泰戈尔哲理诗中的一句名言。这句话意味深长且让人深省，向世人揭示出错误与失败有着不菲的财富。换句话说，失败也是一种财富。

假如你吃了一百次闭门羹，那么希望就在第一百零一扇门里。

下面是一个大学毕业生的找工作经历：

他第一次面试，也是他记忆最深刻的一次面试。

那天，他揣着一家著名广告公司的面试通知，兴冲冲地提前10分钟到达了那座大厦的一楼大厅。当时他很自信，

第六章　坦然面对失败

他专业成绩好,年年都拿奖学金。广告公司在这座大厦的18楼。这座大厦管理很严,两位精神抖擞的保安分立在两个门口旁,他们之间的条形桌上有一块醒目的标牌"来客登记"。

他上前询问:"先生,请问1810房间怎么走?"保安抓起电话,过了一会儿说:"对不起,1810房间没有人。""不可能吧!"他忙说道,"今天是我们面试的日子,您瞧,我这儿有面试通知。"那位保安又拨了几次:"对不起,先生,1810还是没人,我们不能让您上去,这是规定。"

时间一秒一秒地过去,他心里虽然着急,也只有耐心10分钟了,可是10分钟后,保安又一次彬彬有礼地告诉他电话没通。当时,他压根儿也没想到第一次面试就吃了这样的"闭门羹"。面试通知明确规定:"迟到10分钟,取消面试资格。"他犹豫了半天,只得自认倒霉地回到了学校。

晚上,他收到一封电子邮件,只见上面写道:"先生您好!也许您还不知道,今天下午我们就在大厅里对您进行了

面试，很遗憾，您没通过。您应当注意到那位保安先生根本就没有拨号。大厅里还有别的公用电话，您完全可以自己询问一下。我们虽然规定迟到10分钟取消面试，但您为什么在别人帮助未果的情况下不再努力一下呢？为什么要自动放弃呢？祝您下次成功！"

我们常说"失败乃是成功之母"，这似乎已成了当今人常说的一句话，但行动和言语有时不相一致的。当你的业绩单上出现"红灯"，或是在工作中遇到困难时，你的心中是否除了沮丧，别的可能一无所有？你是否意识到这失败之中孕育着成功的种子呢！或是成功的财富！对此，每个人的回答肯定不相同！

伟大的发明家爱迪生，虽然他一生的成功不计其数，但是他一生的失败比成功更多。他曾为一项发明经历了八千次失败的实验，可能他人觉得他既浪费了时间又浪费了精力，但是他却并不以为这是个浪费，而是说："我为什么要沮丧呢？这八千次失败至少使我明白了这八千次实验是行不通的。"

这就是伟人对待失败的态度。他总是从失败中吸取很多教训，总结不成功经验，从而取得一项项建立在无数次失败

第六章　坦然面对失败

基础之上的发明成果。失败固然会给人带来巨大的痛苦，但更能使人有所收获；它既向我们指出工作中的错误缺点，又启发我们逐步走向成功。失败既是针对成功的否定，又是成功的基础，所以才这么说："失败是成功之母。"

所以，世上根本没有一帆风顺的事。展望历史，那些出类拔萃的伟人都是从无数失败中获得成功的。如果人人都惧怕失败，那么那些"发明家""文学巨人""科学家""创新者"的美名岂不是轻易地落到每个人的头上去了？伟大的人物之所以会取得成功，是因为他们能正确看待失败，从失败中获取进步，从而踢开失败绊脚石，踏上了成功的道路。

绝不被失败击倒

失败到来时,每个人所采取的应对方式会有所不同。如果你被失败所击倒,从此一蹶不振,继续失败下去,那么你将永远和成功失之交臂,当然,也有人没有被一时的失败而倒下,而是挺起胸膛,坚持勇敢地往下走,那么,这样的人一定是未来的成功者。

失败并不可怕,也没什么大不了的,重要的是我们如何面对失败,我们要不气馁,不灰心,不屈不挠、继续努力。谁能做到这一点,谁才有希望成功,否则这辈子都会与成功绝缘。

第六章　坦然面对失败

年轻时的瑞秋先生，曾在俄亥俄州的美孚石油公司做事。

一次，他需要到密苏里州的茨堡玻璃公司去安装一架瓦斯清洁机，为的是要清除瓦斯里的杂质，使瓦斯燃烧时不至于损伤引擎。这是一种新的清洁瓦斯的方法，过去也曾试验过。可是他在密苏里州安装的时候却遇到了许多事先没有料到的困难，令他有些措手不及。经过一番努力之后，虽然机器勉强可以使用，但是远远没有达到他们保证的效果。对于这次失败，瑞秋先生感到十分懊恼，他觉得好像有人在他头上重重地打了一拳。他烦恼得简直无法入睡，感觉全身都是疼痛的。

但是冷静之后，他意识到烦恼不能解决问题。于是想出了一个消除烦恼的方法，结果效果显著。这个方法非常简单，可以分三个步骤：

第一个步骤：不要惊慌失措，冷静地分析整个情况，找出万一失败可能发生的最坏情况。

瑞秋先生当时分析道："没有人会把我关起来，或者把我枪毙，这一点我有把握。充其量不过丢掉差事，也可能老板会把整个机器拆掉，使投下的两万块钱泡汤。"

第二个步骤：找出可能发生的最坏情况，让自己能够接受它。瑞秋先生对自己说："我也许会因此丢掉差事，那我可以另找一份差事；至于我的老板，他们也知道这是一种新方法的试验，可以把两万块钱算在研究费用上。"

第三个步骤：有了能够接受最坏的情况的思想准备后，就平静地把时间和精力用来试着改善那种最坏的情况。

后来，不再烦恼的瑞秋先生做了几次试验，终于发现如果再多花5000块钱加装一些设备，就可以彻底解决问题了。他们照这样做了，结果公司赚了15000块钱。

瑞秋先生后来回忆说："如果我当时一直烦恼下去，恐怕就不可能做到这一点了。唯有强迫自己面对最坏的情况，在精神上先接受了它以后，才会使我们处于一个可以集中精力解决问题的位置上。"

其实，我们大家都可以尝试瑞秋先生面对失败消除烦恼的方法，只要我们有梦想，不停止奋斗，想成就一番事业，我们就可以尝试，也许成功的就是我们。

人们总是期待着成功，但是成功不是唾手可得的，也不是一蹴而就的，要知道，成功者的道路往往是由失败铺成

第六章　坦然面对失败

的，经历了失败，甚至经历了无数次失败，我们也一定能迎来伟大的成功。

丘吉尔是英国前首相、世界著名的政治家，他的伟大是世界公认的。在学生时代，他并没有取得什么成绩，老师认定他以后不会有出息。被迫无奈之下，父亲只好送他到军校，军队的生活使他开阔了视野，增长了知识，从此，他走上了政治舞台。

在20世纪，丘吉尔是伟大的政治家和演说家。刚开始演讲时，他一点儿也不顺利，有好几次都狼狈地失败了。于是，他废寝忘食地背演讲稿，反复练习，生怕会出错，可是却越怕越心慌。在遭到最后一次惨败后，他干脆放弃背演讲稿，从不怕笑话、不怕失败开始，他演讲得反倒很成功。

丘吉尔曾几次竞选首相失败，但他毫不气馁，仍然像"一头雄狮"那样去战斗，最后果真取得了成功。他说过："我想干什么，就一定干成功。"

他是一个曾被人们认为平淡无奇而又多次失败的人，如果他畏惧失败，历史上便不会有著名的丘吉尔。

在我们的生活和工作中，当我们的建议不被采纳、好心

办错事、不被旁人理解，以及革新不成、经商折本、务农遇天灾、恋爱失败、夫妻不和、家庭破裂，等等，各种各样的打击随时都可能降临到头上。所以，不能把生活设想得一帆风顺，失败随时可能会光顾，我们必须有勇气直接面对。

在人生道路上，失败是不可避免的，如果一个坚信自己能够成功，那么他是不畏惧失败的，如果一个人有害怕失败的心态，那么他注定会失败。人生必有坎坷，对每一个追求成功的人来说，不怕失败比渴望成功更加重要。纵观历史，那些出类拔萃的伟人，之所以会取得成功，不是因为他们有超常的智能，也不是因为他们不曾失败过，而是因为他们是不怕失败的人，他们是经历失败最多的人。

很多人都羡慕比尔·盖茨、戴尔·卡耐基等人物，甚至将他们视为自己的榜样和偶像。但在现实世界里，这样的幸运儿毕竟是极少数。而且，即使是他们在创造财富而过程中也都遇到过失败和挫折。只是他们并没有对自己失去信心，而是朝着既定的方向不懈地追求着，所以最终走向了成功的顶峰。

因此，在失败面前，我们不但要学会笑对失败，还要对未来充满信心。拿破仑·希尔曾说过："失败是大自然对人

第六章　坦然面对失败

类最严格的考验，命运之轮在不断旋转，如果它今天带给我们的是悲哀，那么明天它将为我们带来喜悦。"

总之，接受失败，笑对失败，不懈努力，我们必将享受成功的喜悦。

吸取教训战胜失败

对于悲观的人来说，失败就意味结束，就意味着没有任何希望。但是，对于那些乐观的人来说，失败是一个跳板，他们能够笑对失败，把失败看成是新的开始，向着更高的目标奋勇前进。

每个人都有失意、受到挫折的时候。在失意中，你是否懂得反省自己的过失，重新站起来，或者是一路消沉下去？记住：从失败中吸取教训，振作精神，发愤图强，一切还得靠自己，没有人帮得了你。下面是专家总结的几项使自己振作的方法：

第六章　坦然面对失败

1. 读一些励志故事，找出值得效法的楷模

励志故事中有许多值得我们敬仰的人，他们是富兰克林、爱迪生，或是林肯……不管是谁，他们一定有值得做楷模之处，他们也一定曾用过功，受过挫折、付出过代价，但最终取得了令人瞩目的成就。和他们比起来，目前自己一时的失败又算得了什么？

2. 发掘自己的"成功记录"

每天找出四件事是自己做成功的。不要把"成功"看成登陆月球那么大的事，成功可以没有忘记按时交纳电话费。上班交通一路畅顺，处理的文件档案没有一次出错等等。日常功课都可以有"成功""挫折"之分，一旦至少顺利地做了四件事，又怎能说"一事无成""一无是处"呢？能把事情做好，就等于对自己能力的肯定，就应该振作精神。

如果老想着还有很多事没做，便会沮丧，真的会觉得自己低能，无效率，大为失意。但已经做妥的工作开列出来，就是一张长长的单子，能力还真的高呢。这样想，立即便自信大增，不会萎靡。

3. 树立自信心，对自己说"我能行"

每个人都渴望成功，但是最终只有对自己充满自信的

人,才能有幸到达成功的彼岸。知识、技能的储备是自信的基础,具备了足够的知识和实际能力,自信就会发自内心,不必强装。否则,越是显得自信,就越是不自信。面对困难,我们应大声地对自己说:"我能行!"积极地迈出第一步。

4. 不要低估自己

世界由两种人组成:一种是领导者,一种是被领导者。只要你生活在这个世界,你就必须做出选择。如果你想成就一番大事业,你就必须树立你就是领导者的信念。否则,你就只配做一个追随者。

能否成为领导者,就看你有没有成为领导者的想法和信念。

记住,要成功就要树立起你就是领导的坚强信念,只有你树立起了你就是领导的坚强信念,追随者才会心甘情愿地追随。这正如英国著名评论家海斯利特所说:"低估自己者,必为别人所低估。"一个敢于站在历史和时代潮流头上的人,他那永远立于不败之地的秘诀无非就是从不低估自己能力的自信。如果你认为此事办不成,那么工作起来时本来能办得到的事,结果也就办不成。相反,本来没有指望的事,如果你认为一定能办成,那么事情就有可能办成。

5. 培养某方面的兴趣

第六章　坦然面对失败

在自己的优点、专长、兴趣中找一样（开始时，一样就够了）来加以特别培养、发展，使之成为自己的专长。虽然还不是专家，但在小圈子中，一提到某件事，大家都公认非你莫属了。专长不必因难到像弹钢琴、表演杂技那么高深莫测，专长可以简单到做蛋糕、剪头发、游泳、看星星、辨识动物植物……什么都可以。有了专长，就有机会做主角，做主角自然会神采飞扬！

6. 强调自己的优点

花一个钟头去发掘自己的优点，然后逐点用笔记下来。优点可以分类，如个人专长所在，已做过什么有益有建设性的事，过去什么如何称赞过自己，家人朋友对自己的关爱，受过的教育等等，你一定会发现自己许多优点，从而知道自己原来并不差。

7. 发挥自己的外在美，与人和睦相处

发挥自己的外在美。所谓人靠衣裳马靠鞍，衣固然指衣着，也指打扮，可以不必名牌，但一定要不落伍、清洁、光鲜、明亮、顺眼，要做到这样，必须做到出众、大方。尤其在自己情绪低落时，更要穿得鲜艳明丽些，还得加上化妆及新做的发型，这样自己的坏心情会因打扮而分散。

使自己招人喜欢，受人欢迎，让别人觉得跟自己做朋友感到十分有趣。要使自己受欢迎，就得多阅读，对一般事物有认识，否则人家讲什么问题都不知所云，同时又要关心别人，要"好好相处"。有朋友，便有支持和鼓励，可以振作精神。

闻名世界的女演员奥黛丽·赫本，她曾经的梦想是做一名芭蕾舞演员，但老师认为她不具备这方面的才能，于是她果断地放弃，最终选择做一名演员。日后，经过她的不懈努力，她终于成为一名深受世界各国观众喜爱的电影演员，至今人们仍对她的经典佳作和美丽容貌念念不忘。

也许最后取得的成功并非是自己曾经的梦想，但这就是生活，需要我们不断做出选择和放弃，你成功的必定是因为你选择了正确的、适合自己的。放弃最初的梦想并不是错误，只要我们在放弃的时候，重新向前望去，你就会看见另一扇打开的门，然后全力拼搏，我们也会成为成功的人。记住，对于敢于战胜失败的人来说成功是迟早的事情。

第六章　坦然面对失败

失败不怕从零开始

在这个世界上，对于一个人来说，最可怕的不是失败，怕的是永远的失败，失败了还可以从零开始，许多成功的企业家都不是从零开始的吗？他们刚起步的时候不也是什么都没能吗？他们有的只是一双手和一个聪明灵活的大脑，凭着这些最终做成了自己的事业，实现了自己的梦想。

什么都不值得我们惧怕，失败也好，挫折也罢，大不了从头开始，从头再来。相反，如果我们没有重新站起来的勇气，克服不了重重困难，遇到挫折就退缩，畏惧，那么我们永远都战胜不了失败，因为我们无法战胜自己。

我们只要在失败之后，敢于从零开始，并且勇敢地坚持下去，坚定自己的意志，总会有实现梦想的那一天。

安东尼·罗宾曾说过："一个知道自己目标的人，就不会因为挫折和失败而泄气。"

本杰明·富兰克林写道："让每个人确认他特殊的工作和职业，而且耐心地做着，如果他想要成功的话。"

诗人撒母耳·泰勒·柯尔雷基生活在一个不真实的梦幻世界里，他是个最该听从这个劝告的人，他遗留给后代的诗，大部分都是未完成的，因为他把自己的才华分散得太微细而浪费掉了。他在他死后，查理·兰姆写信给朋友时说："柯尔雷基死了，听说他留下了四万多篇有关形而上学和神学的论文——没有一篇是完成的！"

撒母耳·泰勒·柯尔雷基的故事说明，只有听从这个劝告的人，即只有行动有恒心的人，才能发挥潜能，才能成就伟业，才能完成目标。行动要有恒心，这是开发潜能的重要因素，诺贝尔就对此深信不疑。

应该说，世界上如果有一百个人的事业获得巨大成功，那么，至少有一百条走向成功的不同轨迹。然而，谁能想到会有这样的人：死神在他事业的路上如影相随，他却矢志不

第六章 坦然面对失败

渝地走向了成功,这个人就是家喻户晓的诺贝尔奖金的奠基人——弗莱德·诺贝尔。

1864年9月3日,寂静的斯德哥尔摩市效,突然爆发出一阵震耳欲聋的巨响,滚滚的浓烟霎时间冲上天空,一股股火花直往上蹿。仅仅几分钟时间,一场惨祸发生了。当惊恐的人们赶到出事现场时,只见原来屹立在这里的一座工厂已荡然无存,无情的大火吞没了一切。火场旁边,站着一位三十多岁的年轻人,突出其来的惨祸和过分的刺激,已使他面无血色,浑身不住地颤抖着……这个大难不死的青年,就是后来闻名于世的弗莱德·诺贝尔。

诺贝尔眼睁睁地看着自己所创建的硝化甘油炸药的实验工厂化为灰烬。

人们从瓦砾中找出了五具尸体,其中一个是他正在大学读书的活泼可爱的小弟弟,另外四人也是和他朝夕相处的亲密助手。五具烧得焦烂的尸体,令人惨不忍睹。诺贝尔的母亲得各小儿子惨死的噩耗,悲恸欲绝。年老的父亲因大受刺激引起脑溢血,从此半身瘫痪。然而,诺贝尔在失败和巨大的痛苦面前却没有动摇。

惨案发生后，警察当局立即封锁了出事现场，并严禁诺贝尔恢复自己的工厂。人们像躲避瘟神一样避开他，再也没有人愿意出租土地让他进行如此危险的实验。困境并没有使诺贝尔退缩，几天以后人们发现，在远离市区的马拉仑湖上，出现了一只巨大的平底驳船，驳船上并没有装什么货物，而是摆满了各种设备，一个青年人正全神贯注地进行一项神秘的实验。他就是在大爆炸中死里逃生、被当地居民赶走了的诺贝尔！

在令人心惊胆战的实验中，诺贝尔没有连同他的驳船一起葬身鱼腹，而是碰上了意外的机遇——他发明了雷管。可见，大无畏的勇气没有让他遇见死神，反而赶走了死神，迎来了成功。

雷管的发明是爆炸学上的一项重大突破，随着当时许多欧洲国家工业化进程的加快，开矿山、修铁路、凿隧道、挖运河都需要炸药。于是人们又开始亲近诺贝尔了。他把实验室从船上搬迁到斯德哥尔摩附近的温尔维特，正式建立了第一座硝化甘油工厂。接着，他又在德国的汉堡等地建立了炸

第六章　坦然面对失败

药公司。一时间，诺贝尔生产的炸药成了抢手货，世各地纷纷发来源源不断的订货单，诺贝尔的财富与日俱增。

然而，灾难依旧如影随形。不幸的消息接连不断地传来：在旧金山，运载炸药的火车因震荡发生爆炸，火车被炸得七零八落；德国一家著名工厂因搬运硝化甘油时发生碰撞而爆炸，整个工厂和附近的民房变成了一片废墟；在巴拿马，一艘满载着硝化甘油的轮船，在大西洋的航行途中，因颠簸引起爆炸，整个轮船全部葬身大海……一连串骇人听闻的消息，如果说前次灾难还是小范围内的话，那么这一次是空前巨大的。人们再次对诺贝尔充满恐惧，甚至简直把他当成瘟神和灾星，可以说，他遭受了世界性的诅咒和驱逐。

就这样，诺贝尔再一次被人们抛弃了。当然，更准确地说，应该是全世界的人都把自己应该承担的那份灾难推给了他。面对接踵而至的灾难和困境，诺贝尔没有一蹶不振，他的毅力和恒心让他对已选定的目标义无反顾，永不退缩。因为多年来他已经习惯了在奋斗的路上与死神朝夕相伴。

炸药的威力曾是那样不可一世，最终，大无畏的勇气和

矢志不渝的恒心激发了他心中的潜能，炸药吓退了死神，诺贝尔赢得了巨大的成功。

在诺贝尔的一生中，他共获专利发明权355项。他用自己的巨额财富创立的诺贝尔科学奖，被国际科学界视为一种崇高的荣誉。

诺贝尔的成功告诉我们，恒心是实现目标过程中不可缺少的条件，恒心是发挥潜能的必要条件。恒心与追求结合之后，便形成了百折不挠的巨大力量。我们如果要干事业，就要经得起挫折，不能半途而废。美国著名学者安东尼·卡索，从他亲自策划和主持过的上百次民意测验中，得出的"创业十要"之一就是：做一件事坚持到底最重要，相反，半途而废，就会在商场竞争中一事无成。

安东尼·罗宾认为，韧性是取得成功的巨大依靠。商场竞争常常是持久力的竞争，每一个事业有成的人，无不是一个有恒心和毅力的人，这样的人，笑得好，也能笑到最后，是当之无愧的的胜利者。总之，恒心和毅力是成功者必备的心理素质。我们绝不能半途而废，浅尝辄止，否则梦想永远只是梦想，成功就会成为泡影。

第六章　坦然面对失败

坦然面对失败

　　人的一生，成与败的最大关键之处就在于意志力的强弱。具有坚强意志力的人，就会拥有巨大的力量，无论他们遇到什么艰难险阻，都能克服困难；但意志薄弱的人，一遇到挫折，便想着退缩，最终必将归于失败。

　　在现实生活中，许多人都希望自己能上进，但无奈他们意志薄弱，没有坚强的决心，没有破釜沉舟的信念，一遇挫折，立即后退，无法坚持到最后，所以终遭失败。

　　人的一生就像是在大海上航行的过程，在航行的过程中，难免会遇到恶劣的天气，狂风暴雨，甚至海啸，人们多

少都会遇到一些伤痛，但是我们要想前行，到达成功的彼岸，我们就想办法不让自己沉没。一位攀登珠峰失败的运动员，在临走前对着珠峰说："珠穆朗玛峰，你虽然打败了我，但我会再回来的。我要战胜你，你不会变得更强大，但我会！"

这个世界上没有不受伤的船，船就要在大海中航行，你能怪大海吗？人也要生活，你能责怪生活吗？无论我们在人生中遇到了怎样的挫折，关键是不能因此而沉沦。虽然屡遭挫折，却能够坚强地百折不挠地挺住，这就是成功的秘密。

海明威说："世界击倒每一个人之后，许多人在心碎之处坚强起来。"从这个意义上说，失败是人生中的一种宝贵财富。因为没有巨石挡住航海的道路，怎么会激起灿烂的浪花？或许我们遭遇身体或情绪的创痛，最要紧的便是在创痛中寻找某些意义。但前提是绝不能放弃，否则失败就成了真正意义上的失败。

人普遍都有畏惧失败的心理，并且这种心理将会终身倍伴一个人。

演讲家安东尼·罗宾曾说："这世界没有失败，只有暂时停滞不前，因为过去并不等于未来。"在某一个体事情上

第六章　坦然面对失败

的失败，并不等于一个人的失败，只要有信心，失败就是成功的转机。

人生本来就是一场赌博，谁也没有把握说自己一定能成功，失败虽然暂时会令人沮丧，但它会使人吸取经验教训，不会再犯同样的错误，这无疑会成为成功的垫脚石。有信心的人能够直视失败。如果一个人从未遭受过失败，那么他一定什么事都没做过，这样固然不会有失败，他没有成功的体验。

在人生道路上，每个人都可能遇到失败，无论失败的打击多大，都不能心灰意冷，而应当正视自己的失败，消除这种绝望感。在失败的时候，消极悲观不但于事无补，同时还可能使人逐渐陷入泥沼而无法自拔。要想走出失败的困扰，转忧为喜，就要勇敢地正视失败。我们应该笑着面对生活，并且要从生活中吸取力量去战胜失败。

在失败中沉沦还是在失败中奋起，这是每个人都必修的人生课题之一。

第七章 在逆境中成长

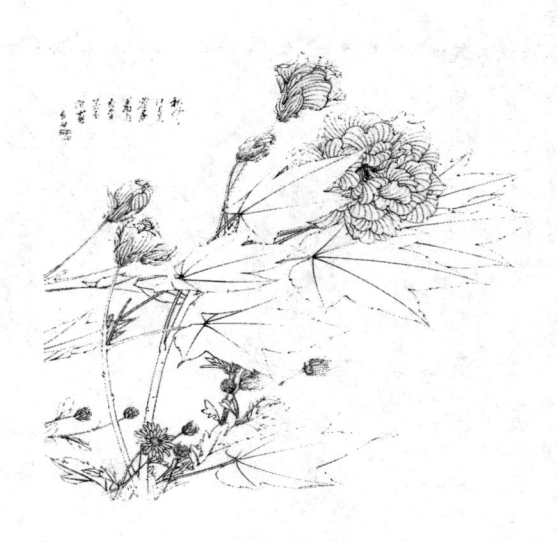

第七章 在逆境中成长

化逆境为动力

对于意志顽强的人来说,逆境是一所很好的学校。既然无法逃避,那就勇敢面对,争取在逆境中走出来,走向成功。

正所谓失败是成功之母。其实我们生活和工作中的每一次失败,每一次打击,每一次挫折,都蕴藏着成功的种子。真正的失败,不是我们遭遇了失败,而是不能从失败中站起来再战。

已故的作家威廉·伯利梭曾写过这样一段话:"人生最重要的不是以你的所得做投资,任何人都可以这样做。真正重要的是如何从损失中获利,这才需要智慧,也才显示出人

的睿智与愚蠢。"

由此可见，逆境是通往人生成功巅峰的必经之路。

在美国佛罗里达州，曾有这样一位快乐农夫，他将一个有毒的柠檬做成了可口的柠檬汁。当他买下农地时，他的心情十分低落。土地贫瘠，不但不能植果树，而且连养猪都不适宜。只有一些灌木与响尾蛇可以在此生存。

后来，他突然有了一个想法，他决定要利用这些响尾蛇，将负债转化资产。于是，他不顾大家的惊异与反对，开始生产响尾蛇肉罐头。终于，经过了几年的奋斗之后，平均每年都会有两万名游客来参观他的农庄。他的生意好极了。在他的农庄里，游客们可以亲眼看到毒液被抽出后送往实验室制作血清，蛇皮以高价售给工厂生产女鞋与皮包，蛇肉装罐运往世界各地，连当地的风景明信片上都写着"佛罗里达州响尾蛇村"。

威廉·詹姆斯说过："我们最大的弱点，也许会给我们提供一种出乎意料的助力。"这个农夫的故事正是应验了这句话。

传说，在意大利的一个偏僻的小镇上，有一个特别灵验

第七章 在逆境中成长

的山洞，里面有一池山泉，可以医治各种疾病，特别神奇。

有一天，一个拄着拐杖，少了一条腿的退伍军人，一跛一跛走过镇上的马路，旁边的镇民带着同情的口吻说："唉！可怜的家伙，难道他要向上帝祈求再有一条腿吗？"

这句话被退伍军人听到了，他转过身来对他们说："我不是向上帝祈求有一条新的腿，而是要求他帮助我，使我失去一条腿后，也知道如何过日子。"

对于一个残疾人来说，知道如何靠一条腿仍可以过日子，也是一种启示。学习为所失去的感恩，也接纳失去的事实，不管人生的得与失，毕竟仍有可为之处，总叫生命不致虚掷闲荡。所以说，只要你的心灵没有缚上夹板，那你就不是残废的。

有失，必然会有所得。如果弥尔顿没有有失去视力，可能写不出如此精彩的诗；如果贝多芬没有耳聋，可能也无法创造出更动人的音乐作品。如果海伦·凯勒没有耳聋目盲，她的创作事业也许不会那么成功。如果托尔斯泰与陀斯妥耶夫斯基的命运没有那么悲惨，也许不能写出流传千古的动人小说；如果柴可夫斯基的婚姻不是这么悲惨，甚至要去自

杀，他可能难以创作出不朽的《悲怆交响曲"。》

伟大的科学家达尔文曾说："如果我不是这么无能，我就不可能完成所有这些我辛勤努力完成的工作。"很显然，他的成功与自身的弱点有很大的关系。

达尔文在英国诞生的同一天，在美国肯德基州的小木屋里也诞生了一位婴儿。他也是受到自己缺陷的启发，他就是亚伯拉罕·林肯。如果他生长在一个富有的家庭，得到哈佛大学的法律学位，又有完满的婚姻，他可能永远不能在葛底斯堡讲出那么深刻动人，不朽的词句，更别提他连任就职时的演说——可算是一位统治者最高贵的优美的情操，他说："对人无恶意，常怀慈悲于世人……"

所以，尽管你可能健康不佳，缺少金钱，没有受过高等教育，或是婚姻不幸，这些缺陷都可以帮助你，促使你与它们斗争，成为你进步的动力之源。宽容你的缺陷，并不意味着对它们放任自流，而是将这些缺陷转化为成功的根本因素，使它们成为你的优势。

世界著名的小提琴家欧尔·布尔在巴黎的一次音乐会上，忽然小提琴的A弦断了，他面不改色地以剩余的三条弦奏完了全曲。佛斯狄克说："这就是人生，断了一条弦，你还能

第七章 在逆境中成长

以剩余的三条弦继续演奏。"

所以，我们无论有什么样的缺陷，生命都要继续，无论它们看起来有多么巨大，即使它使得你的人生失去了重要的一条弦，两条弦，你还依然拥有剩下的。不要让缺陷成为禁锢你的牢笼，对缺陷宽容一些，你会发现你收获的不仅仅是心灵上的轻松与愉悦，你会得到人生最珍贵的馈赠——成功。所以，命运交给你一个酸柠檬，你得想法把它做成甜的柠檬汁！

有一句俗语，"是冰冷的北极风造就了爱斯基摩人"。即使你所认为的缺陷真的使你感到灰心，甚至看不出有任何转变的希望，那么你最起码也应该有一试的理由，下面这两个理由，看后让你感觉更好。第一个理由：我们有可能成功；第二个理由：即使未能成功，这种努力本身已迫使我们向前看，而不是只会埋怨，它会驱除消极的想法，代之以积极的思想。它激发创造力，促使我们忙碌，也就没有时间与心情去为那些忧伤了。

总之，一个大无畏的人，面对恶劣的环境，会更加的勇敢坚强，这样的人，敢于面对任何困难，轻视任何厄运，嘲笑任何阻碍；因为忧患、困苦对他来说，都不算什么，根本

不会伤害到他,反而会增强他的意志、力量与品格,让他有能力和那些伟大而成功的人物并驾齐驱!

第七章　在逆境中成长

在逆境中生存

人生不如意之事十之八九，坎坷是在所难免的。人的一生毕竟要经过几十年的漫长岁月，在此期间，一个人一定会碰到一些令人不愉快的情况。尽管如此，我们也可以有所选择。既然它们不可避免，那么我们就去接受，并且努力适应它。当然，我们也可以因此而忧虑痛苦，甚至将自己弄得精神崩溃。我们是在逆境中求生存，还是在逆境中沉沦，全凭自己做主。

人生不如意，十之有八九。无法改变的事，忘掉它；有机会去补救的，抓住最后的机会。后悔、埋怨、消沉不但于

事无补，反而会阻碍新的前进步伐。

我们也不得不承认，接受和适应那些不可避免的事情并不容易，可是为了活得更好，我们也必须去学会接受。叔本华说："能够顺从，这是你踏上人生旅途中最重要的一课。"所以，我们不但要说到，更要做好！

通过对生活的体验和感悟，我们可以看到，环境本身并不能使我们快乐或者不快乐，我们对周遭环境的反应才能决定我们的感受。必要的时候，我们都能够忍受得住灾难和悲剧，甚至战胜它们。我们以为自己办不到，但我们内在的力量却坚强得惊人，只要善于加以利用，我们就能借此克服一切困难。

当我们遇到一些不可改变的事实时，纵然我们选择退缩，或是加以反抗，为它难过，但无济于事，我们根本无法改变这事实。可是，我们虽然改变不了事实，但是我们可以改变自己。但这并不是说，在碰到任何挫折的时候，都应该忍气吞声。无论在哪一种情况下，只要还有一点挽救的机会，我们就要奋斗。为自己可以获得权利而战。

没有人能有足够的情感和精力，既能抗拒不可避免的事实，又能利用这些情感和精力去创造新的生活。你只能在这

第七章　在逆境中成长

两者之间选择其一，你可以面对生活中那些不可避免的暴风骤雨之时而弯下自己的身子，你也可以抗拒它们而被摧折。

所以，在曲折的人生旅途上，如果我们也能够承受所有的挫折和颠簸，我们就能够活得更加长久，我们的人生之旅就会更加顺畅！反之，如果我们不承受这些挫折，而是去反抗生命中所遇到的挫折的话，那么我们就会产生一连串内在的矛盾，就会忧虑、紧张、急躁而神经质，在痛苦中度过一生。

如果我们再进一步，抛弃现实世界的不快，退缩到一个我们自己所造成的梦幻世界里，那么我们就会神经错乱了。

因此，面对逆境，我们要心平气和，急躁冒进只会导致失败。正如普希金所说的："假如生活欺骗了你，不要悲伤，不要心急！忧郁的日子里需要镇静：相信吧，快乐的日子将会来临。"

信心助你走出逆境

"冬天已经来临,春天还会远吗?"

是的,有了希望,就不会害怕失望。只要你的心中有阳光,即使你处在寒冷的冬天,你也能闻到春天的气息;只要你心中有阳光,即使你被逆境所困,满天的乌云总会被它所穿透;只要你心中有阳光,即使你被挫折和失败一次次打倒,你同样可以在一百次的失败后,一百零一次地站起来,把苦涩的微笑留给昨日,用不屈的毅力和信念赢得未来。

在信心面前一切逆境无所谓逆境,一切困难无所谓困难,我们只要贯穿信念的力量,时刻在心中洒满阳光,就能

第七章 在逆境中成长

战胜一切。

记得有人说过:"我成功,是因为我志在成功。"可见,信心是一个人走出逆境的法宝。如果没有这个作为信念,没有毅然的决心与信心,当然成功也就与你无缘了。

世界知名的演说顾问兼作家多罗西·莎诺芙讲述了一段她自己的故事:

大学毕业后,她不幸丢掉了第一份工作。她说:"离我开始做第一份工作还有几个星期,我的第一份工作是在圣路易市立歌剧院做临时女替角,我感冒了,喉咙发炎。我很笨,竟然没有停止排练,结果喉炎越发严重,最后就失声了。我只好保持安静,希望到圣路易的时候就可以复原,但我错了。我的声音还是不对劲,但没办法,我还是想按照预定计划,站在舞台前,面对满座的观众,与文森特·普莱斯同台演出。我不想让我的第一份工作就这样完蛋了,于是我跑去找国内顶尖的喉科专家,'我想你不能再唱歌了,'他说,'你可以说话,但我怀疑你是否还能唱歌。'我的第一份工作就这样失去了。

"我茫然若失,这是任何一个歌手结束事业的前兆。医

生打算做声带手术。我很欣赏的一位歌剧女高音就做过这种手术，但她的声音却从此大不如前。除了手术，我还有另一种选择——完全不出声，让声带有痊愈的机会。我就这么办了，四个半月里完全不吭一声，一个字也没说。后来，我被允许悄悄低声说10个字。之后，被允许用正常的声音说出10个字。回音就像钟楼的钟声一般，令人难忘。

"六个月之后，我成为纽约大都会歌剧试唱的最后人选，如果我还在圣路易工作，就不可能发生这样的事。但从圣路易那次失败后，我变成了纽约市歌剧院的首席女高音，在13场歌剧演出中，和格特鲁德·劳伦斯合演《国王与我》，并在所有俱乐部里演出，还曾5次出演埃德·沙利文的剧目。"

除此之外，多罗西·莎诺芙还是世界知名的演说顾问。她说："当我失去声音时，我发誓要学习所有和声音相关的知识，不让我的悲剧降临在我认识的人身上。在这个过程中，我学到如何改变说话的方式，例如降低音量，改变共鸣音等等，我的第二个事业就此展开了。"

第七章　在逆境中成长

执着，是人们事业成功的必备要素之一。任何事情缺少坚持都无法做到最后，做到最好。在奔向目标进程中，我们无法一步成功，但是只要我们拥有令人激动的目标，我们奔向目标的方向是正确的，我们就必须抱定"咬定青山不放松"的态度，只有坚持到底，才能赢得胜利。

达尔文在一个动物园中工作20年，有时成功，有时失败，但他锲而不舍，因为他自信已经找到线索，结果终得成功；因为信心，大音乐家瓦格纳即使遭受同时代人的批评攻击，他也依然战胜了困难，获得了成功；因为有人相信可以征服黄热病，即使它已经流传了许多世纪，导致死的人不计其数，也无法阻止科学家研究的脚步，终于，科学家迎来了胜利的曙光。

由此可见，信心的力量惊人，它能改变恶劣的现状，造成令人难以相信的圆满结局。充满信心的人永远不倒，他们是人生的胜利者。所以，在成功者的足迹中，信心的力量起着决定性的作用。如果你要想事业有成，就必须拥有无坚不摧的信心。

有人说："成功的欲望是创造和拥有财富的源泉。"

人一旦拥有了这一欲望，在自我暗示和潜意识激发

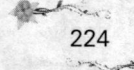

后，就会形成一种信心，这种信心会转化为一种"积极的感情"。它能够激发潜意识释放出无穷的热情、精力和智慧，帮助其获得巨大的财富与事业上的成就。所以，有人把"信心"比喻为"一个心理建筑的工程师"。

许多人认为有成就才会有信心，没有成就自然就没有信心可言。其实，这是一种十分消极的、错误的观点，没有信心何来的成就呢？

全国各地每天都有不少年轻人开始新的工作，他们都希望登上更高的阶梯，享受随之而来的成功果实。但是他们大多不具备必需的信心与决心，因此他们无法达到顶点，因为他们根本没想过自己能够达到，以至于根本找不到攀登巅峰的通路，他们的作为只能停留在一般人的水平上。

有一些人，他们相信总有一天会成功。他们抱着一种积极的态度来进行各项努力，最终，他们凭着坚强的信心实现了自己的梦想。人们的智慧是无限的。在现实生活中，信心一旦与思考结合，就能激发潜意识来激励人们表现出无限的智慧和力量，使每个人和欲望转化为物质、金钱、事业等方面的有形价值。

第七章　在逆境中成长

在逆境中崛起

　　人要想在逆境中崛起，就须有坚忍不拔的毅力，而坚忍的毅力来源于对事业孜孜不倦的追求。这种对目标的追求和向往，能激发出人的无比巨大的潜在力量，帮助人们战胜难以想象的困难，最终赢得成功。

　　对于一个人来说，每一样都非常突出是不太现实的，但是对于一个人来说，只有这一点就足够了——遇到困难的时候持之以恒地坚持下去。

　　美国前总统尼克松因"水门事件"被迫辞职之后，久久沉浸在失败的忧愤和痛苦之中。媒体的穷追猛打，朋友唯

恐避之不及，两次当选的辉煌，与现在的穷途末路形成了强烈反差。这一切，使得62岁的尼克松患上了内分泌失调和血栓性静脉炎，他几乎是在苟延残喘地度日。然而尼克松没有在不利的环境中倒下，他及时地调整了自己的心态，告诫自己："批评我的人不断地提醒我，说我做事不够完善，没错，可是我尽力了。"

他不畏惧失败，因为他知道还有未来。他始终相信，"勇往直前者能够一身创伤地回来"，他重新调整心态，迎接新的挑战，鼓励自己从挫折中走出来。

在这之后，尼克松连续撰写并出版了《尼克松回忆录》《真正的战争》《领导者》《不再有越战》《超越和平》等著作，以自己独特的方式实现了人生应有的价值。

贝多芬也曾陷入了近乎绝望的困境中，在他才华横溢之时，他的双耳却失聪了。他一度无法接受这个残酷的现实，整天酗酒，甚至想过自杀。但是，音乐的力量又使他重建了信心，他以更坚强、更无畏的精神来正视现实。"我要扼住命运的咽喉！"这种伟大的精神，促使他在常人无法想象的痛苦中，创作了举闻名的《命运交响曲》。

第七章　在逆境中成长

从众多的成功故事中我们可以看出,真正优秀成功的人,都是高情商者,在逆境中寻求脱困之道。失败使强者愈强,勇者愈勇,也可使弱者更弱,甚至从此一蹶不振。

就像《真心英雄》里唱的那样,"不经历风雨怎么见彩虹,没有人能够随随便便成功"。人生挫折难免,但只要我们处理得好,它就能为我们提供契机,使我们变得更成熟。

所以,即使身处逆境,我们也不要躲避,逆境是对意志的磨炼。在逆境中,我们要把握人生的每一分钟,向着心中的梦想全力以赴,绝不放弃。